环保科普丛书

铅污染危害
预防及控制知识问答

QIANWURAN WEIHAI

YUFANG JI KONGZHI ZHISHI

WENDA

环境保护部科技标准司
中国环境科学学会 主编

中国环境出版社 · 北京

图书在版编目（CIP）数据

铅污染危害预防及控制知识问答 / 环境保护部科技标准司，中国环境科学学会主编 . — 北京：中国环境出版社，2015.1

（环保科普丛书 /《环保科普丛书》编委会）

ISBN 978-7-5111-2102-8

Ⅰ . ①铅… Ⅱ . ①环… ②中… Ⅲ . ①铅污染—污染防治—问题解答 Ⅳ . ① X56-44

中国版本图书馆 CIP 数据核字 (2014) 第 234400 号

出 版 人　王新程
责任编辑　沈 建　刘 杨
责任校对　尹 芳
装帧设计　金 喆

出版发行　**中国环境出版社**
　　　　　（100062 北京市东城区广渠门内大街 16 号）
　　　　　网　　址：http://www.cesp.com.cn
　　　　　电子邮箱：bjgl@cesp.com.cn
　　　　　联系电话：010-67112765（编辑管理部）
　　　　　发行热线：010-67125803，010-67113405（传真）
印　　刷　北京中科印刷有限公司
经　　销　各地新华书店
版　　次　2015 年 1 月第 1 版
印　　次　2015 年 1 月第 1 次印刷
开　　本　880×1230 1/32
印　　张　4
字　　数　70 千字
定　　价　20.00 元

《环保科普丛书》编著委员会

《铅污染危害预防及控制知识问答》 编委会

《环保科普丛书》

　　我国正处于工业化中后期和城镇化加速发展的阶段，结构型、复合型、压缩型污染逐渐显现，发展中不平衡、不协调、不可持续的问题依然突出，环境保护面临诸多严峻挑战。环保是发展问题，也是重大的民生问题。喝上干净的水，呼吸上新鲜的空气，吃上放心的食品，在优美宜居的环境中生产生活，已成为人民群众享受社会发展和环境民生的基本要求。由于公众获取环保知识的渠道相对匮乏，加之片面性知识和观点的传播，导致了一些重大环境问题出现时，往往伴随着公众对事实真相的疑惑甚至误解，引起了不必要的社会矛盾。这既反映出公众环保意识的提高，同时也对我国环保科普工作提出了更高要求。

　　当前，是我国深入贯彻落实科学发展观、全面建成小康社会、加快经济发展方式转变、解决突出资源环境问题的重要战略机遇期。大力加强环保科普工作，提升公众科学素质，营造有利于环境保护的人文环境，增强公众获取和运用环境科技知识的能力，把保护环境的意识转化为自觉行动，是环境保护优化经济发展的必然要求，对于推进生态文明建设，积极探索环保新道路，实现环境保护目标具有重要意义。

国务院《全民科学素质行动计划纲要》明确提出要大力提升公众的科学素质，为保障和改善民生、促进经济长期平稳快速发展和社会和谐提供重要基础支撑，其中在实施科普资源开发与共享工程方面，要求我们要繁荣科普创作，推出更多思想性、群众性、艺术性、观赏性相统一，人民群众喜闻乐见的优秀科普作品。

环境保护部科技标准司组织编撰的《环保科普丛书》正是基于这样的时机和需求推出的。丛书覆盖了同人民群众生活与健康息息相关的水、气、声、固废、辐射等环境保护重点领域，以通俗易懂的语言，配以大量故事化、生活化的插图，使整套丛书集科学性、通俗性、趣味性、艺术性于一体，准确生动、深入浅出地向公众传播环保科普知识，可提高公众的环保意识和科学素质水平，激发公众参与环境保护的热情。

我们一直强调科技工作包括创新科学技术和普及科学技术这两个相辅相成的重要方面，科技成果只有为全社会所掌握、所应用，才能发挥出推动社会发展进步的最大力量和最大效用。我们一直呼吁广大科技工作者大力普及科学技术知识，积极为提高全民科学素质作出贡献。现在，我欣喜地看到，广大科技工作者正积极投身到环保科普创作工作中来，以严谨的精神和积极的态度开展科普创作，打造精品环保科普系列图书。我衷心希望我国的环保科普创作不断取得更大成绩。

吴晓青

中华人民共和国环境保护部副部长

二〇一二年七月

前言

　　自 20 世纪 90 年代以来，我国政府就儿童铅中毒问题采取了一系列防治措施。儿童铅中毒防治取得了实质性进展，尤其是推广使用无铅汽油后，儿童血铅水平呈明显下降的趋势。但是，近年来连续发生的多起"血铅事件"，揭示了部分地区环境铅污染问题仍应受到高度重视。

　　大多数情况下，了解与铅有关的一些科学知识，采取一些有效的措施，铅污染带来的健康危害是完全可以预防的。基于铅污染及其危害是"可防、可控、可治"的理念，我们组织编写了《铅污染危害预防及控制知识问答》一书，尽量围绕生活实际筛选内容，力争做到集科学性、知识性、实用性于一体，对铅的基本知识、铅的生产和使用、铅污染的来源及管理、铅的健康危害及预防、公众参与等方面的知识给予通俗解读，旨在让公众对铅污染的问题有一个基本的了解，建立对铅污染及其危害问题的科学认知，以利于做出正确的判断和选择。

V

　　本书的编写得到了 973 课题"环境铅污染的评价与儿童铅中毒的综合防治措施"（2012CB525005）项目组、环保公益专项"废铅酸蓄电池收集、处理和处置管理技术研究"（200909082）及"典型铅生产过程含铅废物风险控制及环境安全评价集成技术研究"（2011467061）项目组的积极支持，以及中国疾病预防控制中心、北京矿冶研究总院、北京大学医学部、中国环境科学学会重金属专业委员会、上海市儿科医学研究所等有关单位专家的帮助，在此表示衷心的感谢！

由于编者业务水平的限制，本书难免有错误和不当之处，请读者不吝赐教，多提宝贵意见，以便我们在下一步工作中改进。

编 者

二〇一四年九月

目录

第三部分　铅污染的来源及管理　35

第五部分 公众参与和自我防护 99

第一部分

铅的基本知识

1. 铅是什么？

铅是自然界存在的一种元素，英文名称为 Lead，英文别名为 Lead metal。在《康熙字典》里，已有关于铅的解释。

在元素周期表中，铅为第Ⅳ族元素，元素符号是 Pb（来源于它的拉丁名称 plumbum），原子序数为 82，原子量为 207.19（不同产地的铅因同位素的比例不同，其原子量稍有差别），为 ^{204}Pb、^{206}Pb、^{207}Pb 及 ^{208}Pb 同位素的混合物。

铅同位素组成只与源区的铅同位素组成特征有关，与其迁移行为和轨迹没有关系，不同来源的铅其同位素组成比例不同。因此，对铅同位素组成的分析，是判别土壤、大气、水体和人体中铅与相关重金属污染来源，区别汽车尾气铅污染和工业铅污染等的重要手段。

2. 铅主要以什么形式存在于自然界中?

在自然界中,铅通常以化合形态存在于矿石中。铅矿石可分为硫化矿和氧化矿两大类,分布最广的是硫化矿,属原生矿;氧化矿主要由白铅矿($PbCO_3$)和铅矾($PbSO_4$)组成,属于次生矿,它是原生矿受风化作用或含有碳酸盐的地下水的作用而逐渐产生的,常出现在铅矿床的上层,或与硫化矿共存而形成复合矿。

3. 铅的主要物理特性有哪些?

在铅的物理性质中,其低熔点(327.4℃)、高密度(11.336g/cm^3,20℃)、低刚度以及高阻尼的特性具有重要应用价值。其中:

(1)低熔点使其成为易熔合金以及保险丝合金的重要组成元素。

(2)高密度、高阻尼等特性的结合,使其成为消声及减振、防振的极好材料。

（3）低刚度以及面心立方结构特征，使其具有极高的柔度及延展性。加上优异的自润滑性能，使其成为轴承合金、垫料及垫片等的优良材料。

4. 铅的主要化学特性有哪些?

铅化学性质较为稳定，在空气、水等自然环境中不易发生化学反应。常温下，铅在干燥的空气中不会氧化；高温下，特别是熔融状态下，铅的氧化过程将逐渐加剧，生成一系列氧化物。

　　铅易溶于稀硝酸（HNO_3）、氟硼酸（HBF_4）、氟硅酸（H_2SiF_6）和醋酸（CH_3COOH）等，难溶于稀盐酸（HCl）和硫酸（H_2SO_4）。在常温下，盐酸、硫酸与铅的表面起作用而形成几乎不溶解的二氯化铅（$PbCl_2$）和硫酸铅（$PbSO_4$）的表面膜，而硝酸与铅生成的$Pb(NO_3)_2$在水溶液中不太稳定，容易生产挥发性的二氧化氮。

　　金属铅刚切割时呈蓝白色，在潮湿空气中会失去光泽，渐渐变得暗淡无光，常呈灰色、灰黑色乃至黑色。这是因为在潮湿及含有CO_2的空气中时，金属铅表面先生成氧化亚铅（PbO），再慢慢转化成碱式碳酸铅 $[3PbCO_3 \cdot Pb(OH)_2]$ 薄膜的缘故。同时，此膜可阻止铅在空气中进一步氧化，使铅在常温下长期不易被腐蚀。

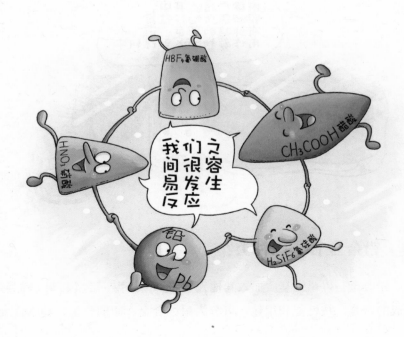

5. 常见的铅化合物主要有哪些?

铅的化合物众多，常见的有：氧化物，如一氧化铅（PbO）、二氧化铅（PbO_2）、四氧化三铅（Pb_3O_4）、三氧化二铅（Pb_2O_3）等；卤化物，如氯化铅（$PbCl_2$）等；硫化物，如硫化铅（PbS）等；可溶的铅盐，如硝酸铅 [$Pb(NO_3)_2$]、醋酸铅 [$(CH_3COO)_2Pb$]，难溶的铅盐，如硫酸铅（$PbSO_4$）、碳酸铅（$PbCO_3$）、铬酸铅（$PbCrO_4$）等；有机铅，如四乙基铅 [$(C_2H_5)_4Pb$]、环烷酸铅（$C_{22}H_{14}O_4Pb$）等。根据铅化合物组成不同，呈现出不同的特点，用途也较为广泛。

6. 铅合金有哪些种类?

铅合金是以铅为基质加入其他元素（锑、铜、锡、铋、银、砷、碲等）组成的合金，按性能和用途，可分为耐蚀合金、印刷合金、轴承合金

和模具合金等，主要用于化工防蚀、射线防护、制作电池板和电缆套等。铅合金的特点有：在空气、淡水、硫酸和海水中有良好的耐蚀性；铸造性能好；变形抗力小，易加工；具有良好的自润滑性、磨合性和减震性；不易被 X 射线穿透等。

7. 铅在生产加工过程中为什么容易造成污染?

铅的熔点为 327.4 ℃，放在煤球炉里即能熔化，加热至 400～500℃时，会产生升华现象，即有铅蒸汽逸出形成铅烟。所以，在铅生产加工过程中，如果处理不当，易于产生铅烟、铅尘污染。

铅烟（lead fume）：金属铅或其固态化合物加热熔化时所产生的蒸气，在空气中迅速凝集氧化成直径小于 0.1μm 的氧化铅（PbO）固体微粒，称为铅烟。因其颗粒小，在空气中飘浮时间长，易被生物体吸入。车间空气中最高容许质量浓度为 0.03 mg/m³。

铅尘（lead dust）：金属铅或其化合物粉尘，称为铅尘。其直径大小多在 0.1 ~ 10 μm，能较长时间飘浮于空气中。主要经呼吸道进入人体，但也可随受污染的手取食后经消化道进入体内而引起中毒。车间空气中最高容许质量浓度为 0.05 mg/m³。

8. 人体内都含有铅吗？

人与环境相互依存，环境中存在的天然元素，基本上在人体内都能检测得到。铅广泛存在于整个自然环境中，如水、空气、土壤、植物等，同样也存在于人类起居环境，因此在人体内均存在一定量的铅。不过，铅是人体非必需微量元素，迄今为止还没有发现铅对人体有什么益处。

人体内的铅主要是由外界经消化道和呼吸道等进入机体的，正常环境条件下生活的人，血液中含铅量极低或难以检测。但随着环境铅水平的增加，人体铅水平也会增高。

9. 人们常说的血铅是指什么？

血铅是指血液中铅元素的含量，是评价人体铅暴露水平及铅对人体健康影响的重要指标。血铅是反映机体近期接触铅量的一个敏感指标，血铅超标反映铅摄入过量。在我国，自1989年国家修订《职业性慢性铅中毒诊断标准及处理原则》（GB 11504—89）以来，血铅已成为诊断铅中毒的一项必备的客观指标。在原卫生部2006年发布的《儿童高铅血症和铅中毒分级和处理原则（试行）》（卫妇社发 [2006]51号）中，明确规定儿童高铅血症和铅中毒要依据儿童静脉血铅水平进行诊断。

第二部分
铅的生产和使用

10. 人类从什么时候开始使用铅？

由于广泛存在且易于提取、加工，铅是人类使用较早，也是常见、常用的金属之一。在《圣经 - 出埃及记》中就已经有铅相关的记载。

在大英博物馆里，藏有在埃及阿拜多斯清真寺发现的公元前 3000 年的铅制塑像，表明那时人类已能从矿石中熔炼铅；公元前 500 年开始，有关铅的采矿和冶炼技术已出现在古希腊和罗马的著作中。

在我国，殷代墓葬中发现有铅制的酒器卣（yǒu）、爵、觚（gū）和戈等；公元前 16 世纪至前 11 世纪的商朝中期，青铜器的铸造中便已使用铅；出土的公元前 11 世纪至前 8 世纪西周时期文物中，甚至有含铅达 99.75% 的铅戈；公元 400 年前的我国古籍中，便记载了铅白 [$Pb_3(OH)_4CO_3$] 的人工合成步骤。

11. 人类什么时候开始大量冶炼并使用铅？

　　罗马帝国时代是全球铅生产的第一个高峰期,炼铅的主要矿物(方铅矿)的学名 Galena 就是罗马人留下来的。有人甚至认为罗马入侵不列颠的原因之一是因为康沃尔地区拥有当时所知的最大的铅矿。有学者通过对格陵兰岛冰芯进行的分析,发现公元前 5 世纪到公元 3 世纪大气层中的铅含量增高,这也被认为是由罗马人造成的。

12. 世界铅产量的历史演变和现状如何？

　　在公元前 4000 年至公元前 2700 年间, 全世界的铅产量约为 160t; 2700 年前发展了银币铸炼术, 铅的年产量上升到 1 万 t, 那时为了从硫化矿生产铅 - 银合金和从合金中提取银，大大地刺激了铅的生产量；在 2000 多年前的罗马共和国和罗马帝国时代，铅产量上升到 8 万 t；中世纪时铅产量有所下降，但随着德国白银生产及工业革命的开始，世界铅产量迅速上升，从 300 年前的 10 万 t/a 增加到 50 年前的 300 万 t/a。到 21 世纪初，世界精铅产量基本保持在 660 万 t 左右。2012 年，世界精铅产量已达到 1 061.5 万 t，主要集中在亚洲、欧洲和美洲地区。

我国的精铅产量自 2003 年起一直位居世界首位，每年均以十位数的比例逐年增长，2005 年突破 200 万 t，2008 年突破 300 万 t，到 2010 年又突破了 400 万 t，2012 年我国精铅产量已达到 465 万 t 左右，约占世界精铅总产量的 45%，是名副其实的精铅生产大国。

世界精铅产量

13. 目前铅冶炼的原料是什么？

铅冶炼的原料有矿物原料和二次铅料两类，根据原料的不同，可分为原生铅冶炼和再生铅冶炼。原生铅冶炼是以矿物原料为主原料冶炼生产铅，可搭配处理二次铅物料（和铅精矿混合后冶炼）；再生铅冶炼只以二次铅物料（指回收的各种铅废件和铅废料）为原料冶炼生产再生铅。目前，全世界铅的总产量中一半以上来自二次铅物料，而二次原料又主要是废铅蓄电池。

矿物原料即自然界中存在的铅矿石，炼铅的主要矿石为方铅矿，其成分为硫化铅（PbS），多与辉银矿（Ag_2S）、闪锌矿（ZnS）共生。含银高者称银铅矿，含锌高者称铅锌矿。地壳中已发现的铅锌矿物有250多种，大约1/3是硫化物和硫酸盐类，但可供目前铅工业利用的仅10余种。此外，共生矿物还有黄铁矿（FeS_2）、黄铜矿（$CuFeS_2$）、辉铋矿（Bi_2S_3）和其他硫化矿物等。因此，在开采、冶炼铅矿石时往往可以得到其他多种金属，而在开采、冶炼其他金属时也会有含铅废水、废气、废渣产生。

14. 铅矿石开采和浮选包含哪些基本工艺？

一般用钻或爆破的手段开采铅矿，矿石开采后需磨碎。铅矿石的预加工，第一步就是富集过程。矿石一般含铅不高，现代开采的矿石含铅一般为3%～9%，最低含铅量在0.4%～1.5%，必须进行浮选富集，得到适合冶炼要求的铅精矿。

浮选工艺是将矿石被磨成细小的粉矿后，加入适量溶有润湿剂和发泡剂的水，并通入空气。在发泡剂作用下产生气泡，在润湿剂的作用下，金属不会被水润湿，因此能够借助气泡漂浮在水面上而得以被分离富集。

15. 从矿石中提取粗铅的生产工艺主要有哪些？

目前，世界上从铅矿石中提取粗铅的生产工艺主要采用火法冶炼。开采出来的铅矿石，需要通过选矿富集得到精矿，再进行冶炼得到粗铅。其冶炼工艺可以简单概括为传统法和直接炼铅法两大类。传统法即烧结—鼓风炉熔炼法，而直接炼铅法取消了硫化铅精矿烧结工序，是将铅精矿直接入炉熔炼的方法。

随着人们对环保、节能认识和要求的不断提高，烧结—鼓风炉熔炼法的缺点日显突出，新建的铅冶炼厂都采用了直接炼铅工艺。直接炼铅法可以简单分为熔池熔炼和闪速熔炼两种。典型的熔池熔炼方法包括德国鲁奇公司开发的 QSL 法、瑞典波利顿公司开发的卡尔多法、澳大利亚开发的氧气顶吹浸没熔炼法，以及我国在 20 世纪 80 年代开发的水口山法（SKS 法，富氧底吹—鼓风炉还原法）和近年来在 SKS 法基础上改进的富氧底吹—液态渣直接还原法。前苏联开发的基夫赛特法和我国近几年开发的铅富氧闪速熔炼法则属于闪速熔炼的范畴。

16. 高纯度的铅是如何得到的？

铅的精炼需要经过多个步骤，而每一步操作都利用了铅和其他元素在物理或化学性质上的差异。粗铅精炼方法有两种：一种是全火法精炼，另一种是先通过火法工艺对粗铅进行初步精炼，除去其中的铜和锡，然后铸成阳极进行电解精炼。粗铅的电解精炼是一个很成熟的电化学冶金过程，可以获得纯度较高的工业用铅，同时还可以充分回收粗铅中的有价金属（铜、锑、铋等）和贵金属（金、银等）。

典型的粗铅火法精炼—电解精炼的联合工艺流程包括：

（1）首先将铅锭熔化，然后降温。利用铜、锡在铅熔液中随不同温度溶解度的差异，当铅熔液降温时，铜、锡结晶就会浮到铅熔液表面上从而得到去除。

（2）经过上述操作处理后铅纯度可达 98% 以上，通过电解可以对它们进行进一步的冶炼提纯。用脱铜、锡后的铅板作阳极板，纯铅制作阴极板，以硅氟酸或氟硼酸溶液为导电介质，当电流流过时，铅从阴极板脱出变成铅离子，铅离子向电解池的阴极一端聚集，形成沉积层，而使铅得到精炼。

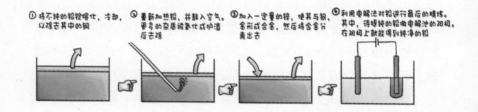

17. 为什么说铅曾在印刷术发展中做出过重要贡献？

铅是人类最早应用的金属之一，在历史上，它曾广泛地渗透到人们的日常生活中：水管、白镴（là）器皿、陶器、油漆，甚至药物中都含有铅，对文明进步的贡献众多。

毕昇（shēng）发明活字印刷术之后，人们曾使用木及锡、铜、铅等制成活字来印刷书籍，但均因不易附着水墨而无法大范围推广使用。德国人约翰内斯·谷登堡（约 1398—1468 年）将当时已知的许多不同的技术有效组合，发明了一种适宜于铸造活字的铅合金（由一定比例的铅、锡和锑组成，既容易浇铸成型，又经久耐用）和一种含油墨水，将制成的铅合金活字版以油墨印刷，奠定了近代铅印刷技术的基础。铅印（以铅字排版印刷）技术的发明及迅速传播，使印刷品变得便宜，印刷的速度也得到提高，被视为文艺复兴在随后兴起的关键因素。

18. 为什么曾在汽油中添加含铅化合物？

在发动机中，汽油先是被雾化并与空气一起喷射到汽缸中，汽缸中的活塞上升，混合气体被压缩后变热。压缩过程中，压力和温度增高，在火花塞还没有打火之前，油气混合物可能会发生爆炸。这种情况叫早燃，即所谓的爆震。这种不正常燃烧会导致发动机噪声增大，工作效率降低，也因此而消耗更多的燃料。汽油在汽油机中燃烧时的抗爆性指标用辛烷值表示，辛烷值越高，抗爆性越好。汽油标号就是以其辛烷值来确定的，如 90 号汽油即表示辛烷值为 90 的汽油。

为防止爆震，人们曾在燃料里添加四乙基铅 $[(C_2H_5)_4 Pb]$ 作为抗爆剂，以此提高发动机的工作效率。然而，在汽油燃烧过程中，铅会随汽车尾气进入大气环境，并使尾气净化用催化剂中毒，影响其净化效果。在人们发现儿童血铅水平与当地汽油消费量密切相关之后，在燃料里添加这种铅化合物作为防爆剂的方法已经被全面禁止。

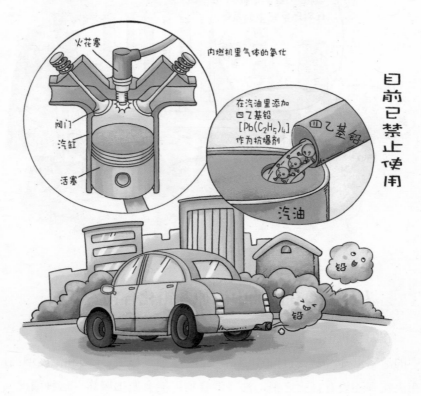

19. 涂料中为什么会使用含铅化合物？

涂料是涂在物体的表面使物体美观或保护物体防止侵蚀的物质，油漆就是一种涂料。涂料中铅的来源主要是一些含有铅的颜料、添加助剂（如催干剂）等。

不同铅化合物呈现不同颜色，可用作颜料加入涂料中，如铬酸铅（又称铬黄）是黄色颜料、碘化铅是金色颜料、碱式碳酸铅（又称铅白）是白色颜料。此外，铅的存在还可增加涂料干燥速度，提高耐用性，保持新鲜的外观，并抵制水分，防止腐蚀。例如，由于铅的氧化物及硅酸铅很稳定，可用于外墙涂料，如四氧化三铅（铅丹）则被广泛用于金属防锈底漆。

20. 陶瓷器釉彩中的含铅化合物有什么作用？

陶罐或其他瓷器上像玻璃一样光滑的表面物质叫作釉，釉使陶瓷器拥有坚硬光滑的表面，易于清洗。釉料是经加工精制后施在坯体表面而形成釉面用的物料，通常由玻璃粉和其他有色材料混合而成。铅化合物作为釉料中常用的色料和助熔剂，很早以前就已用于陶瓷器具的生产。如以氧化铅做助熔剂在使釉面带上颜色的同时，还可以降低釉熔融温度，高温时黏度小，烘烧过程中更易于流动，使釉料能够比较均匀地覆盖于器物表面，上釉后的瓷器流光溢彩。

21. 人们为什么会制造含铅玻璃制品？

玻璃是生活中最常用的材料之一，制作玻璃的原料是沙子和添加剂，如苏打（碳酸钠）、石灰石和铅化合物（如一氧化铅）等，将上述原料混合后加热至一定温度，发生化学反应而结合成玻璃。铅可使玻璃具备许多特殊的性能，如良好的光学性、可加工性、防辐射性等。

　　含铅电真空和电子玻璃曾广泛用于家电制品如电光源、电子管、阴极射线显像管等；含铅封接玻璃熔化温度低，在将玻璃焊接到金属上（如电视机的显像管）等许多场合具有其他材料难以替代的作用；含铅防辐射玻璃可用于 X 射线装置的防护、核研究的热室以及食品保存及医疗灭菌装置。随着环保意识渐入人心，以及一些相关法律的陆续出台，含铅玻璃的应用逐步受到限制，但目前其他类型玻璃还无法替代含铅玻璃某些特殊性能的应用领域，含铅玻璃仍需应用一段时间。

22. 塑料制品中为什么会含有铅？

聚氯乙烯（PVC）是一种多用途塑料，其应用遍及国民经济的各个领域。聚氯乙烯是一种极性高分子，分子链间的吸引力很强，必须加热到160℃以上才能塑化成型，但一般加热到120～130℃就会分解，产生氯化氢。为解决这个问题，就必须采用热稳定剂。常用的热稳定剂有铅盐类、金属皂类、有机锡类、复合稳定剂等。其中，因原料易得价廉、生产工艺简单，铅盐热稳定剂曾广泛应用。目前，因环保法规限制，铅盐类热稳定剂已逐渐被无毒的热稳定剂所替代。

23. 铅为什么能做放射性防护材料？

由于铅的原子序数及密度高，与其他金属相比，对射线的吸收和散射更为强烈，对防护 X 射线及 γ 射线的危害非常有效，有利于用作辐射线的防护材料。此外，在中子辐射条件下，铅不会成为二次放射源，因而也可作为反应堆的防护材料之一。用作放射线防护的铅通常制作成为板材、铅块、铅砖、铅内衬或在两块钢板间的夹层，也可作为铅橡胶、铅玻璃或混凝土的组成成分。

24. 为什么铅合金焊料曾广泛应用于电子信息产品制造？

焊接是通过加热或加压，或两者并用，并且用或不用填充材料，使工件达到结合的一种方法。焊接是电子装联技术的核心，其目的是用焊接材料将元器件引脚与印制电路板的焊盘结合起来，形成电路的电气连接与机械连接，从而实现电路功能。

　　铅锡合金是传统的焊料合金，其焊接温度低、对产品的热损坏少，主要用于焊接已经热处理硬化的部件，这些部件若用熔点高的焊料焊接，其表面易发生软化。同时，铅锡合金导电性、稳定性、抗蚀性、抗拉和抗疲劳、机械强度、工艺性都较好，而且资源丰富、价格便宜，是一种较为理想的电子焊接材料，在微电子器件装联中曾广泛使用。目前，随着环境保护要求的提高，促使电子装联技术向无铅化的方向发展，无铅焊料已经逐步在电子信息产品制造业中应用。

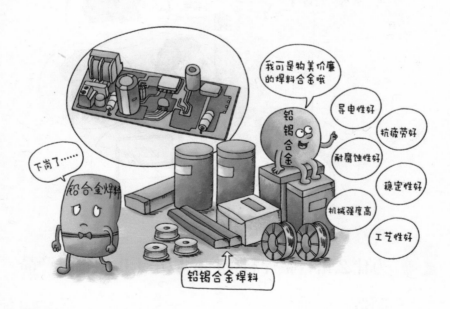

25. 电力及通信电缆护套为什么会使用铅合金？

　　铅质地柔软、熔点较低，因而熔炼方便、易于加工成型。此外，铅及其合金具有较高的化学稳定性、密封性以及不吸潮、不透气，机械强度高等特点，铅护套作为传统的电缆保护层。早在 1830 年，英国就采用了冷拔铅管制作电缆护套。1879 年，瑞士发明了直接在电缆芯上用熔融铅挤压制造铅护套的压机后，铅护套电缆就得到了广泛的应用和发展。目前，铅护套在电缆金属护套中仍占有一定的地位。

1. 导体
2. 绝缘
3. 保护层
4. 填充
5. 隔热衬层
6. 金属护套
7. 非金属外套（可选）

铅护套是传统的电缆保护层结构，现主要用于电力电缆及通信电缆的护套材料

26. 现在的化妆品中还含铅吗？

铅的氧化物呈现出多种颜色，由于颜色鲜艳且持久，一般出现在美白化妆品和彩妆产品中，曾被广泛用于口红、指甲油、眼影、粉饼及染发剂。例如，罗马人曾将铅粉（碱式碳酸铅）制成白色的扑面粉，威尼斯人曾用铅粉制成化妆膏，对面部皮肤有较好的增白效果。

我国于 2007 年 7 月 1 日实施的《化妆品卫生规范》明确规定，在化妆品中禁止人为加入铅及其化合物，也就是说，在目前的化妆品生产工艺中，不允许把铅作为化妆品成分直接添加，但考虑到原料杂质等问题，规定每千克含铅不能超过 40mg。

27. 铅为什么会在某些传统医药中作为一种成分出现？

传统中医认为：铅有解毒杀虫、定惊镇癫、平喘豁痰、降逆除呕之功效。我国最早的药学专著《神农本草经》就有以铅丹与铅粉治病的记载。现代药理研究证实，铅类药物对多种细菌及真菌有不同程度的抑制作用。至今，中医界仍较多使用的含铅化合物主要为铅丹和密陀僧，但仅限于外用而极少内服。

当前，国际上进口中药材和中成药的国家和地区对中药材、中成药的重金属含量都提出了严格要求。在我国，商务部于 2005 年 2 月发布的《药用植物及制剂外经贸绿色行业标准》（WM/T 2—2004）中规定：重金属总含量 ≤ 20 μg/g（为 20ppm），铅 ≤ 5μg/g（为 5ppm），其适用范围为"药用植物原料及制剂的外经贸行业品质检验"。

2010 年版《中国药典》对植物药（如：甘草、黄芪、丹参、白芍、西洋参、金银花、阿胶、枸杞子、山楂）中铅的限定为：不得超过 5μg/g（为 5ppm）。

28. 目前铅使用及消费主要集中在哪些领域？

铅工业的发展与其自身的物理、化学性质有关，如密度大、熔点低，液态铅流动性好、可塑性好、耐腐蚀、防护放射线性能好等特点，至今也是使用其他材料无法全面替代。目前，世界铅消费主要集中在铅蓄电池、轧制和挤压制品、颜料及其他化合物、铅弹、合金、电缆护套等领域。但基于环保的要求，很多领域中铅的消费逐渐降低。

世界铅消费结构图

其他3%
化工5%
铅合金2%
铅弹3%
铅管铅板6%
电缆护套1%
电池80%

由于铅具有多种良好的特性，故在不同的工业部门中有着较广泛的用途，成为国民经济和国防建设事业中不可缺少的金属材料之一。其主要用途为：

（1）用于电气工业：铅在电气工业中用量最多，主要用于制造铅蓄电池；其次是用于制作包裹电缆的铅皮和熔断保险丝等。

（2）用于化工冶金部门：铅皮和铅管在化工、冶金中，常用作保护设备的耐酸、防腐蚀材料。

（3）制造合金：铅易与其他金属形成合金，广泛地用于各个工业部门。

（4）利用铅能吸收放射性射线的特性，用作原子能和 X 射线装置的防护层或防护屏。

（5）用于其他工业部门：醋酸铅不仅用于医药部门，而且在纺织工业上用来做媒染剂；铅的一些化合物，如氧化铅在橡胶硫化过程及精炼石油时，用作促进剂；氧化铅同时还用于玻璃、陶器及油漆工业。

29. 目前哪个行业铅使用量最大？

铅蓄电池生产是目前铅消费量最大的行业。其中，车用铅蓄电池占整个铅蓄电池用量的80%以上，广泛用于汽车、摩托车、电动自行车、农用三轮车等。据工信部2011年年底印发的《电池行业清洁生产实施方案》，2013年我国铅蓄电池产量约2.05亿 KV·A·h 时，是最大的铅使用行业。

铅蓄电池生产是目前铅消费量最大的行业。其中，车用铅蓄电池占整个铅蓄电池用量的80%以上

30. 铅蓄电池分为哪几类？

铅蓄电池是指电极由铅及其氧化物制成，电解液是硫酸溶液的一种蓄电池。铅蓄电池广泛应用于交通运输、能源电力、通信以及军事工业等领域。不同用途的铅蓄电池所使用的电压、尺寸和质量也各不相同，轻者如重仅 2kg 的恒压蓄电池，重者如工业用蓄电池，质量可达 2 t 以上。根据不同的使用用途，蓄电池可分为下列几类：

（1）汽车蓄电池：指轿车、卡车、拖拉机、摩托车、机动船以及飞机等交通工具在发动引擎、照明和点火时所用的主要能源。

（2）普通蓄电池：指便携工具和设备、室内报警系统和应急照明等场合的蓄电池。

（3）工业蓄电池：指通信、变电站、不间断点源或恒压、负载调节、报警及安全系统，一般工业用途及柴油发动机的启动等场合的蓄电池。

（4）动力蓄电池：指电动自行车、叉车、高尔夫球车、机场的行李运输车、轮椅、电动汽车和客车等货物或人员运送工具所用的蓄电池。

（5）专用蓄电池：指某些科学、医疗或军事应用场合专用或与电气电子线路组成一体的蓄电池。

31. 为什么要回收铅？

不但有利于环境保护，还缓解不可再生的矿产原料的开采消耗

铅是有害于环境和人体健康的金属，各种含铅废料若不加以合理回收，都将成为环境的污染源。回收再生铅不但有利于环境保护，还缓解不可再生的矿产原料（一次资源）的开采消耗，有利于保护生态环境，还可保障铅工业的持续发展。同时，与矿物原料相比，再生铅原料含铅量高；从铅废料中再生铅，不需要像原生铅那样经过采矿、选矿等工序，工艺简单，能源消耗及污染物排放较低。因此，铅金

属的生产—消费—再生产循环受到高度重视，铅也是目前所有金属中再生利用率最高的。

32. 再生铅生产的原料来自哪里？

由废铅金属、废铅合金或含铅废料等经重熔提炼得到的铅金属产品称为再生铅，可用来生产再生铅的原料十分广泛。例如，属铅生产过程的废料有：铅熔炼所产的铅锍，再生金属和有色金属生产所产的铅炉渣、含铅浮渣、含铅烟尘，湿法冶金所产的浸出铅渣等；属一次消费过程的废料有：铅熔化过程产生的铅灰、浮渣，加工过程中产生的废品、边角废料等；属二次消费的废料有：废铅蓄电池、电话和电力铅电缆护套、铅压延管棒板片材、铅衬、铅容器、铅印刷合金等。

第三部分
铅污染的来源及管理

33. 环境中的铅来自哪里？

　　环境中铅的来源有自然源和人为活动源两类，以人为活动源为主。地壳中天然存在的铅，可随火山飞灰、地面扬尘、森林火灾烟尘及海盐气溶胶等自然现象而释放到环境中。因此，即使没有人为活动，自然环境中也广泛存在一定含量的铅，但自然水平较低。

　　随着被开采、使用的铅日益增加，向环境中释放的铅也越来越多，人类生存环境中的铅水平迅速增加，这可由整个生物圈中的铅浓度以数量级计相对增加而得到证实。据估计，现今环境中的铅水平是工业化前的几百倍，而现在生物圈中 95% 以上的铅是人为活动造成的。

环境中自然铅水平与现今典型铅水平的比较

	媒介	估计的自然铅水平	现今典型铅水平	比值
空气	偏远地区/农村	$0.01 \sim 0.1 ng/m^3$	$0.1 \sim 100 ng/m^3$	$10 \sim 1000$
	居住地	$0.1 \sim 1.0 ng/m^3$	$0.1 \sim 10 \mu g/m^3$	$100 \sim 10\,000$
土壤	偏远地区/农村	$5 \sim 25 \mu g/g$	$5 \sim 50 \mu g/g$	$1 \sim 2$
	居住地	$5 \sim 25 \mu g/g$	$10 \sim 5\,000 \mu g/g$	$2 \sim 200$
水	淡水	$0.005 \sim 10 \mu g/L$	$0.005 \sim 10 \mu g/L$	1
	海水	$0.001 \mu g/L$	$0.005 \sim 0.015 \mu g/L$	10
食物		$0.000\,1 \sim 0.1 \mu g/g$	$0.01 \sim 10 \mu g/g$	100

34. 铅在环境中是如何迁移的？

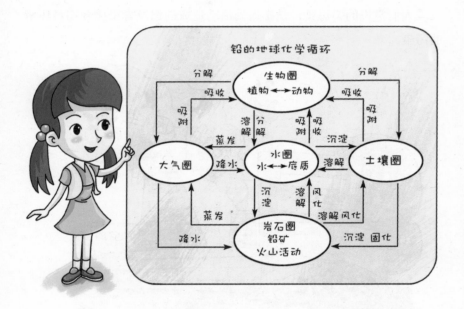

　　通过人类的各种生产、生活活动和自然界每时每刻都发生的风化作用以及各种自然力的传输作用，铅不断地进入环境，在岩石圈、水圈、大气圈、生物圈和土壤圈之间进行地球化学循环。

　　大气中的铅主要以铅烟、铅尘的形式存在并扩散，最终会因重力作用或雨水夹带，通过干湿沉降返回到地表水、土壤。水体中的铅最终都会转移、沉积到土壤或底泥中。土壤中的铅，既可在土壤—生物系统中通过植物吸收进入食物链，进而进入动物和人体。土壤中的铅也会进入地表水、地下水，表层土壤中的铅还可经地表扬尘进入大气。

35. 人们常说的铅污染是指什么？

人们常说的铅污染，是指人为活动造成的铅及含铅化合物对环境的污染。

可造成铅污染的人为活动源十分广泛。例如，有色金属（包括铅及其他有色金属）矿产开采、冶炼，铅蓄电池制造及废铅蓄电池收集、储运、铅再生，各种熔铅及压延加工作业，制造、使用含铅化学原料及化学制品的各行各业，燃煤、燃油燃烧等各种人为活动，均可通过废气、废水、废渣等途径向环境中排放一定量的铅。

36. 大气中的铅主要来自哪里？

　　从人类开始开采、冶炼、使用铅和其他有色金属以来，由熔炼或冶炼活动引起的铅对大气的污染就已经产生，不过这种污染一般主要局限在采矿和冶炼企业周围。这种大气铅污染排放形式，随着 20 世纪 70 年代在世界范围内广泛采用四乙基铅汽油添加剂发生了巨大改变，汽车尾气排放成为铅在大气中全球性扩散的重要来源。同时，汽车尾气排放到大气中的铅造成了大范围影响，儿童铅中毒因此也变成一个全球性的公共卫生问题。有关研究表明，到 20 世纪 80 年代前后，汽车尾气排放占人类活动大气铅排放量的 50% ～ 75%。对汽油铅和血液铅之间关系的定量研究表明，人类血铅水平的 50% 以上是加铅汽油造成的。

无铅汽油的推广应用，为降低环境中的铅污染立了大功，特别是降低了大气中的铅污染。目前，大气中的铅污染主要来源于有色金属开采和冶炼、燃煤燃烧排放。不过，无铅汽油（Un-Leaded Petro）是指没有添加四乙基铅作为防爆剂的汽油，仍含有来源于原油的微量的铅，汽车尾气依然是公路两侧铅污染的重要污染源。

37. 室内环境空气中铅的来源有哪些？

室内环境空气中的铅污染主要有以下四个方面的来源：

（1）室内装修装饰材料及家具等。例如，使用含铅油漆或涂料进行住房装修时，会造成室内尘土含铅量升高，家具、地板和墙壁应避免使用含铅油漆、涂料和壁纸。

（2）化石燃料燃烧。例如，在室内使用煤取暖、烹饪时，会释放出含铅污染物。以煤作为燃料的家庭应多开窗通风。

（3）室内吸烟。香烟中含有一定量的铅，可通过香烟的烟雾释放进入环境中。不要在家吸烟，杜绝儿童二手烟。

（4）室外大气污染。室外大气铅浓度会直接影响室内铅污染水平。

38. 水中的铅主要来自哪里？

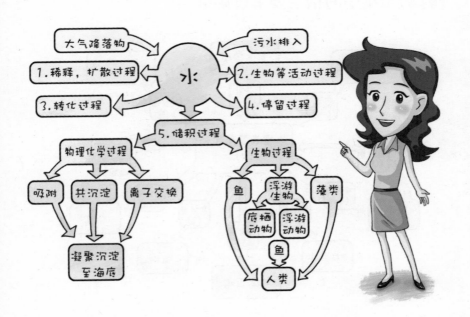

由于岩石矿物等的溶出等，天然水体中可能会含有一定量的铅，但在正常条件下含量极微。通常，水中的铅污染主要来自工业含铅废水排放，以及大气含铅颗粒物沉降、含铅工业废渣、含铅尾矿等的水淋溶渗。例如，排放到大气中的铅尘，可经干湿沉降进入地表水而造成水体污染；不经过严格处理的含铅废水，可能会造成地表水和地下水污染。

在生活饮用水中，除环境原因造成铅污染外，含铅输水管道也可能释放铅而导致铅污染。例如，用铅焊料焊接过的输水管道老化腐蚀时会导致铅析出，用铅盐做热稳定剂的 PVC 饮用水管材、管件在使用中也可能造成铅污染，含铅材质制造的水龙头也可能析出铅。

39. 土壤中的铅主要来自哪里？

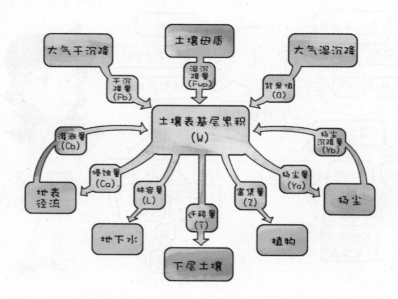

无污染土壤中的铅主要来自成土母质、岩石风化等。各种人为活动造成的大气、水体铅污染，最终都会转移到土壤中。土壤中的铅污染主要与人为活动有关如大气铅污染干湿沉降、含铅废水排放和含铅废渣淋溶渗析等。此外，在农业生产活动中，灌溉含铅废水也会导致土壤铅污染。

土壤中铅的化合物溶解度较低，且在迁移过程中受土壤阴离子对铅的固定作用、土壤有机质对铅的络合作用、土壤黏粒矿物对铅的吸附作用等多种因素影响，在土壤中的迁移能力很弱。因此，经各种途径进入土壤中的铅，绝大部分将残留、蓄积于表层土壤中，随土壤剖面深度增加，含铅量下降。

40. 动植物中的铅主要来自哪里？

　　铅广泛存在于生物圈中，无论是天然形成还是人工养殖或种植，很难找到完全不含铅的动植物。在天然条件下，不同的动、植物种类、不同的生长环境、不同的器官及组织含铅量是不同的，或为微量，或为超微量的元素含量水平。

　　铅主要通过食物链、污染的大气和饮用水进入动物体内。陆生植物中的铅主要来自其附着的土壤，也可通过叶面吸收空气气溶胶中的铅。铅进入土壤后，发生复杂的生物、物理化学作用以多样的形式赋存，植物可通过根系代谢吸收土壤中的铅。植物对铅的吸收主要累积在根部，其次为茎、叶，向籽粒迁移量极少，因此植物一般蓄积铅的含量顺序是：根 > 茎 > 叶 > 果。

41. 食品中的铅主要来自哪里？

食品中的铅可来源于食品原料、食品接触材料等。从食品原料来看，植物性食品中铅含量在一定程度上会受到大气、土壤、灌溉用水等铅含量的影响。而动物性食品主要受饲料、牧草、空气和饮用水铅含量的影响，动物性食品中骨骼及脏器类食品的铅含量往往高于肌肉、脂肪和乳汁。而食品接触材料一般指在可预见的正常使用情况下可能与食品接触，或可能将其成分迁移至食品中的材料和制品，也包括生产这些材料和制品所使用的原辅材料。

42. 人体内铅的主要来源有哪些？

人体内铅的具体来源因工作生活环境、生活习惯、社会经济状况等条件而异

饮用水

家装材料
（家庭装修，涂料，油漆等）

母体转移和接触
（化妆品，染发剂，口红，首饰等）

塑料制品
（玩具等）

学习文具
（课桌，铅笔，印刷品）

含铅用品

食品
（添加剂，膨化食品，烧烤，松花蛋）

工业废气
汽车尾气

人体内铅的来源大致包括大气、土壤、水、食品和生活环境等，个人体内铅的具体来源因工作生活环境、生活习惯、社会经济状况等条件而异。

（1）空气中的铅既可直接经呼吸道吸入人体，又可沉降到土壤和水体中间接进入人体。世界卫生组织（WHO）在欧洲空气质量指南中指出，大气中的铅对人类摄入量的贡献为 1% ～ 2%。

（2）土壤中的铅主要通过"土—手—口"途径经消化道直接进入人体，也可以经食物间接进入人体，还可以通过扬尘经呼吸道直接进入人体。

（3）水体中的铅可通过饮用水经消化道直接进入人体，又可通过对食物的污染而间接进入人体。

（4）食品中的铅是人体内铅的主要来源之一。根据世界卫生组织（WHO）的报告，儿童体内的铅 47% 来自食物，45% 来自室内外尘土，6% 来自饮水，仅 2% 来源于空气及其他。

（5）生活环境中包括室内环境以及各种日用品（如含铅的化妆品、油漆、涂料、釉彩陶器、玩具和学习用品等），是不可忽视的、隐蔽的铅源，可通过呼吸道或消化道进入人体。

43. 我国最主要的铅污染工业排放源有哪些？

有色金属矿采选业，有色金属冶炼及压延加工业，非金属矿采选业，非金属矿物制造业，化学原料及化学制品制造业，电气机械及器材制造业，通信设备、计算机及其他电子设备制造业，废弃资源和废旧材料回收加工业等，都可能会产生、排放铅污染。

根据国务院于 2011 年 2 月批复的《重金属污染综合防治"十二五"

规划》，涉铅行业主要为铅蓄电池生产及回收、铅锌矿采选、铅锌矿冶炼，及其他金属矿、非金属矿（伴生有铅）的采选和冶炼。在重金属污染重点监控企业中，含铅污染企业约占 40%，其中铅蓄电池生产及回收企业占大多数，其他为铅锌矿采选、铅锌冶炼、利用锌精矿制硫酸，以上行业为主要铅污染工业排放源。

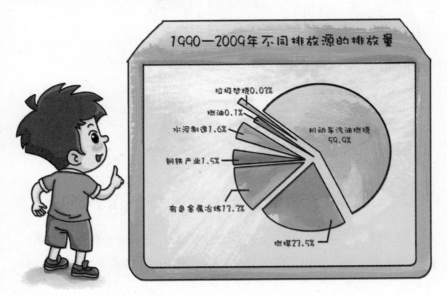

44. 含铅矿物采选过程中会产生哪些铅污染问题？

含铅矿物采选过程中会产生铅尘和生产性含铅废水。同时，含铅尾矿、废石暴露于地表，在地表的氧化作用、淋滤作用及地表水的冲刷作用下，铅可进入周围的水体、土壤中。

在含铅矿物采选过程造成的环境铅污染中，由于蓄积作用，土壤中的铅可随着开采年限的增加而不断累积。我国大部分大中型铅矿特别是老矿区，由于开采初期工艺技术、环保技术相对落后，其污染相对较重，土壤中铅等重金属含量相对较高。

45. 铅冶炼生产粗铅过程中会产生哪些铅污染问题？

铅冶炼生产粗铅过程，会产生含铅废气、含铅废水和含铅废渣。相比废水和废渣，含铅尘废气是铅污染主要来源，这也是造成"血铅"事件的"元凶"。

铅尘是尘和铅烟的混合物，由于铅及其化合物的蒸汽压较高，在高温冶炼过程中，铅及其化合物很容易呈蒸汽状态逸出（通常认为在450℃时，铅烟开始产生，并随温度

升高而增加）。因此，在炉窑的排铅口、排渣口等处，会产生大量的粒径在 0.01 ～ 1μm 的含铅烟尘，若收尘措施不当，会对环境带来严重污染。

铅冶炼企业废水主要来源于制酸的动力波净化工段，该废水含有硫酸和少量氟（F）、氯（Cl）、砷（As）等，通常采用石灰中和的办法处理。对厂区内收集的前期雨水，通常采用过滤后返回水淬工序的办法，基本不外排。

铅冶炼企业产出的水淬渣，由于该水淬渣中仍含有约 1% 的铅和锌，目前大都作为一般的工业固废外售给水泥厂作原料。

46. 铅冶炼生产粗铅过程中哪些环节易产生铅尘？

铅冶炼生产粗铅过程中铅尘的来源可分为三类：①低温作业区的机械尘，主要包括原料库、配料、混料、物料制备、转运、烟灰输

送等过程产生的铅灰尘，含铅量一般在 40% 以上；②炉窑的加料口、喷枪口的机械尘和挥发尘，以及由于操作失误导致的烟气外溢等；③高温作业区的挥发尘，包括炉窑排铅口、放渣口外溢的含铅烟尘等。

47. 铅精炼过程中会产生哪些铅污染问题？

目前国外大部分粗铅采用火法精炼工艺，但我国的粗铅精炼基本上全部采用湿法电解工艺，仅根据粗铅成分在电解前熔铅锅部分有一小段火法除铜工艺。电解精炼的主体设备是电解槽，其槽体结构现在广泛采用单体式，由钢筋混凝土预制而成，内衬沥青胶泥或软聚乙烯塑料。电解前的粗铅预精炼和电解后的阴极铅熔铸及除杂质，均在精炼锅内进行，粗铅预精炼使用熔铅锅，阴极铅精炼使用电铅锅。

铅电解过程除阳极泥带走小部分电解液外，电解液基本可实现闭路循环，且一般不需净化，电解过程除电解液跑、冒、滴、漏外基本没有废水产生。因此，铅精炼电解过程中对环境的污染仍主要是在空气污染方面，主要来自熔铅锅、电铅锅以及处理铜浮渣的反射炉或短窑。由于精炼锅尤其是熔铅锅的密封罩频繁开启，且锅面较大，产生的铅烟其实只有少部分进入通风除尘器，大部分散失在车间内，对电解车间操作工人的劳动环境造成较大影响。

48. 铅蓄电池生产过程中哪些环节易产生铅污染？

铅蓄电池生产中的铅污染主要由含铅废水和含铅废气排放造成。从购进精铅或还原铅，到生产合金，再到板栅生产，直到组装蓄电池成品这一过程中，涂板工序、化成工序以及电池清洗工序会产生含铅的废水，合金配制、铸板、铅粉制造、和膏、涂板、分刷片、焊接等工序会产生铅烟、铅尘。

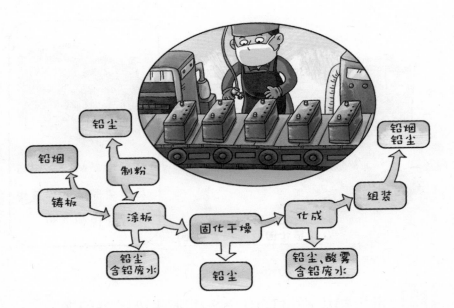

49. 废铅蓄电池为什么需要规范化回收？

　　废铅蓄电池中的金属成分除主金属铅和合金元素锑外，还含有其他金属杂质；此外，它还掺杂有塑料、橡胶等有机物和废硫酸。在《国家危险废物名录》中，除铅蓄电池生产过程中产生的废渣和废水处理污泥外，铅蓄电池回收过程产生的废渣、含重金属污泥，经拆散、破碎、砸碎后分类收集的铅蓄电池也属于危险废物。

　　对废铅蓄电池不进行规范化拆解，会造成其他价值不高的材料随意扔掉或填埋，混到生活垃圾中，造成二次污染，增加处理难度；同时，恶劣的操作环境直接危害作业工人的身体健康。只有规范废铅蓄电池的拆解行为，才能有效避免环境污染，保护周围生态环境，提高材料利用率，实现废铅蓄电池铅回收业可持续发展。

规范化回收废铅蓄电池

经拆散、破碎、砸碎后分类收集的铅蓄电池属于危险废物

50. 再生铅生产过程中会产生哪些铅污染问题？

大多数再生铅原料是混杂型的，需要根据具体对象采取不同的预处理（如拆解、破碎、分选等）后，将其中化学组成一致或接近一致的某一部分或某几部分彼此分离开来，再对分离后的各个组分分别采用火法、湿法或干湿联合法工艺处理再生。

再生铅原料主要是废铅蓄电池，这也是由铅的消费结构所决定的。在废铅蓄电池铅再生过程中，会产生含铅废气、废水和固体废物等。含铅废气来自熔融还原熔炼、火法精炼、铅熔铸、电还原等工序，废水包括窑炉设备冷却水、烟气净化废水、冲渣水以及冲洗废水等，固体废物来自破碎分选产生的隔板、富氧底吹熔炼炉炉渣、回转短窑熔炼渣、反射炉熔炼渣、末端治理产生的脱硫渣、精炼渣、污水处理产生的污泥、煤气发生炉产生的炉渣等。

51. 涉铅产业相关技术政策有哪些？

在《重金属污染综合防治"十二五"规划》《有色金属工业"十二五"发展规划》《有色金属产业调整和振兴规划》等一系列涉铅产业专项规划中，明确了涉铅行业重金属污染防治和清洁生产技术研发方向等方面的要求。针对铅污染防治，在产业技术政策方面，国家发改委 2007 年制定了《铅锌行业准入条件》并于 2011 年进行了修订。工业和信息化部 2010 年发布了《部分工业行业淘汰落后生产工艺装备和产品指导目录》，其中包含与铅冶炼有关的淘汰烧结锅等落后设备的生产和使用。

原国家环境保护总局 2003 年发布了《废电池污染防治技术政策》；2006 年与国家发改委联合发布了《国家重点行业清洁生产技术导向目录》（第三批），其中包含可替代铅蓄电池，为电动车辆提供动力电源的超级电容器应用技术；2012 年发布了《铅锌冶炼工业污染防治技术政策》，并于工业与信息化部联合发布了《再生铅行业准入条件》和《铅蓄电池行业准入条件》等。

52. 涉铅产业清洁生产标准有哪些？

国家发改委 2007 年发布了适用于铅锌行业的《铅锌行业清洁生产评价指标体系（试行）》。在产业技术标准方面，环境保护部于 2009 年发布了 4 项技术标准，包括《清洁生产标准　铅电解业》（HJ 513—2009）、《清洁生产标准　废铅酸蓄电池铅回收业》（HJ 510—2009）、《清洁生产标准　粗铅冶炼业》（HJ 512—2009）、《清洁生产标准　铅蓄电池工业》（HJ 447—2008）等。

53. 与铅有关的污染排放限制标准有哪些？

在污染物排放方面，《大气污染物综合排放标准》（GB 16297—1996）、《污水综合排放标准》（GB 8978—1996）、《铅、锌工业污染物排放标准》（GB 25466—2010）、《工业炉窑大气污染物排放标准》（GB 9078—1996）、《生活垃圾焚烧污染控制标准》（GB

18485—2001)和《危险废物焚烧污染控制标准》(GB 18484—2001)等，针对废气、废水中铅含量限值做出了具体规定。

排放类别	标准名称	文件号	铅限值
废气	铅、锌工业污染物排放标准	GB 25466—2010	有组织排放：现有企业(2011年1月至12月)≤10mg/m³；现有企业(2012年1月起)≤8 mg/m³；新建企业(2010年1月起)≤8 mg/m³；无组织排放：企业边界1h平均质量浓度≤6μg/m³
	危险废物焚烧污染控制标准	GB 18484—2001	≤1.0mg/m³
	生活垃圾焚烧污染控制标准	GB 18485—2001	≤1.6mg/m³
	大气污染物综合排放标准	GB 16297—1996	有组织排放≤0.7mg/m³；无组织排放（周界外浓度最高点）≤6μg/m³
	工业炉窑大气污染物排放标准	GB 9078—1996	环境质量二类功能区执行二级排放标准，金属熔炼≤10 mg/m³；其他≤0.1mg/m³
废水	铅、锌工业污染物排放标准	GB 25466—2010	现有企业(2011年1月至12月)≤1.0mg/L；现有企业(2012年1月起)≤0.5 mg/L；新建企业(2010年1月起)≤0.5 mg/L；特别保护区域≤0.2 mg/L
	污水综合排放标准	GB 8978—1996	≤1.0mg/L

54. 废物处置方面与铅有关的控制规定有哪些?

《国家危险废物名录》(2008年版)中有49大类危险废物，"含铅废物"(HW31)是其中之一，包括"玻璃及玻璃制品制造""印刷""炼钢""电池制造""工艺美术制造""废弃资源和废旧材料回收加工业""非特定行业"等产生的某些特定废物。此外，"染料、涂料废物"(HW12)、"爆炸性废物"(HW15)、"有色金属冶炼废物"（HW48）"其他废物"（HW49）中还含铅相关危险废物。

类别	标准名称	文件号	制定部门	铅限值
废物处置	农用污泥中污染物控制标准	GB 4284—1984	城乡建设环境保护部	pH<6.5: 300 mg/kg; pH ≥ 6.5: 1 000 mg/kg
	城镇垃圾农用控制标准	GB 8172—1987	原国家环保局	≤ 100mg/kg
	农用粉煤灰中污染物控制标准	GB 8173—1987		酸性土壤 (pH<6.5): ≤ 250mg/kg; 中性或碱性土壤 (pH ≥ 6.5): ≤ 500mg/kg

　　这些废物的运输、贮存、利用或者处置，应按照危险废物进行管理，应符合《危险废物贮存污染控制标准》（GB 18597—2001）、《危险废物填埋污染控制标准》（GB 18598—2001）、《危险废物焚烧污染控制标准》（GB 18484—2001）等有关规定。此外，《农用污泥中污染物控制标准》（GB 4284—1984）、《城镇垃圾农用控制标准》（GB 8172—1987）和《农用粉煤灰中污染物控制标准》（GB 8173—1987）等还含有铅浓度限值的具体规定。2009 年发布了《废铅酸蓄电池处理污染控制技术规范》（HJ519—2009），2011 年环境保护部发布了《铅冶炼污染防治最佳可行技术指南（试行）》（HJ—BAT—7）指导性技术文件等。

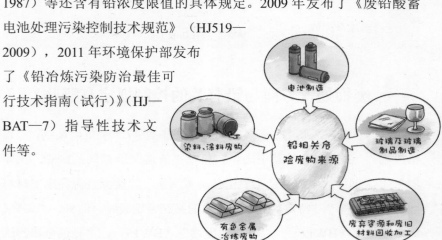

55. 环境质量标准中与铅有关的浓度限值规定有哪些？

在《环境空气质量标准》（GB 3095—2012）、《地表水环境质量标准》（GB 3838—2002）、《地下水质量标准》（GB/T 14848—1993）、《海水水质标准》（GB 3097—1997）、《农田灌溉水质标准》（GB 5084—1992）、《渔业水质标准》（GB 11607—1989）和《土壤环境质量标准》（GB 15618—1995）等，对铅浓度限值进行了具体规定。

环境类别	标准名称	文件号	铅限值
大气	环境空气质量标准	GB 3095—1996	季平均：1.50μg/m³；年平均：1.00μg/m³
		GB 3095—2012	季平均：1.00μg/m³；年平均：0.50μg/m³
水	地表水环境质量标准	GB 3838—2002	I 类：≤ 0.01 mg/L；II 类：≤ 0.01 mg/L；III 类：≤ 0.05 mg/L；IV 类：≤ 0.05 mg/L；V 类：≤ 0.1 mg/L
	地下水环境质量标准	GB/T 14848—1993	I 类：≤ 0.005 mg/L；II 类：≤ 0.01 mg/L；III 类：≤ 0.05 mg/L；IV 类：≤ 0.1 mg/L；V 类：>0.1 mg/L
	海水水质标准	GB 3097—1997	I 类：≤ 0.001 mg/L；II 类：≤ 0.005 mg/L；III 类：≤ 0.01 mg/L；IV 类：≤ 0.05 mg/L
	农田灌溉水质标准	GB 5084—2005	≤ 0.1 mg/L
	渔业水质标准	GB 11607—1989	≤ 0.05 mg/L
土壤	土壤环境质量标准	GB 15618—1995	I 级（自然背景）：35 mg/kg；II 级（pH<6.5、6.5 ～ 7.5、>7.5）：250 mg/kg、300 mg/kg、350 mg/kg；III 级（pH>6.5）：500 mg/kg

56. 对涉铅企业的安全防护距离有哪些规定？

在《铅蓄电池厂卫生防护距离标准》（GB 11659—1989）中提出

了卫生防护距离的概念，系指生产有害因素的部门（车间或工段）的边界至居住区边界的最小距离。从某种意义上说，卫生防护距离是为了防止企业造成大气污染，保护人体健康的安全距离。在卫生防护距离内不得有环境敏感点，如村庄、居民区、医院、学校等，已有的村庄、居民区、医院、学校也要搬迁。

类别	标准名称	文件号	制定部门	相关内容
安全防护距离	工业企业设计卫生标准	GBZ 1—2010	卫生部	卫生防护距离为在正常条件下，无组织排放的有害气体（大气污染物）自生产单元边界到居住区的范围内，能够满足国家居住区容许浓度相关标准规定的所需最小距离。对于目前国家尚未规定卫生防护距离要求的，宜进行健康影响评估，并根据实际评估结果作出判定
	环境影响评价技术导则 大气环境	HJ 2.2—2008	环境保护部	计算各无组织源的大气环境防护距离，是以污染源中心点为起点的控制距离，并结合厂区平面布置图，确定控制距离范围
	铅锌行业准入条件	公告2007年第13号	发展改革委	自然保护区、生态功能保护区、风景名胜区、饮用水水源保护区等需要特殊保护的地区，大中城市及其近郊，居民集中区、疗养地、医院和食品、药品等对环境条件要求高的企业周边1km内，不得新建铅锌冶炼项目，也不得扩建除环保改造外的铅锌冶炼项目
	危险废物焚烧污染控制标准	GB18484—2001	原国家环保总局	《铅锌行业准入条件》规定再生铅锌企业选址需参考危险废物焚烧厂选址原则
	铅蓄电池厂卫生防护距离标准	GB 11659—1989	卫生部	依据近五年平均风速和生产规模，确定最短防护距离在300～800m不等

类别	标准名称	文件号	制定部门	相关内容
生活用品	国家玩具安全技术规范	GB6675－2003	轻工联合会	≤ 90mg/kg
	车用汽油有害物质控制标准	GWKB1.1－2011	环境保护部	≤ 5 mg/kg
	铅笔涂层中可溶性元素最大限量	GB 8771－2007	卫生部	≤ 90mg/kg
	粮食卫生标准	GB2715－2005	卫生部	≤ 0.2 mg/kg
	食品中污染物限量	GB2762－2005	卫生部	谷类、豆类、薯类、禽畜肉类、小水果、浆果、葡萄、鲜蛋、果酒：≤ 0.2 mg/kg；可食用禽畜下水、鱼类：≤ 0.5 mg/kg；水果、蔬菜：≤ 0.1 mg/kg；球茎蔬菜、叶菜类：≤ 0.3 mg/kg；鲜乳、果汁：≤ 0.05 mg/kg；婴儿配方粉：≤ 0.02 mg/kg；茶叶：≤ 5 mg/kg
作业场所	工业场所有害因素职业接触限值　化学有害因素	GBZ2.1－2007	卫生部	以时间为权数规定的 8h 工作日、40h 工作周的平均容许接触浓度：铅尘 0.05 mg/m³；铅烟 0.03 mg/m³
铅中毒诊断	儿童高铅血症和铅中毒分级和处理原则（试行）	卫妇社发[2006]51 号	卫生部	连续两次静脉血血铅水平为 100~199μg/L 为高铅血症，200~249μg/L 为轻度铅中毒，250~449μg/L 为中度铅中毒，≥ 450μg/L 为重度铅中毒
	职业性慢性铅中毒诊断标准	GBZ37－2002	卫生部	观察对象：血铅 ≥ 400mg/L 或尿铅 ≥ 70mg/L；铅中毒：血铅 ≥ 600mg/L 或尿铅 ≥ 120mg/L，且伴有其他生理生化指标改变或临床症状

57. 涉铅行业安全、卫生与职业防护有哪些规定？

在《铅锌行业准入条件》《再生铅行业准入条件》《铅蓄电池行业准入条件》等中，均规定了安全、卫生与职业病防治相关内容，对

职业病危害防治做出了特别要求。以《铅蓄电池行业准入条件》为例，其中设置专章"六、职业卫生与安全生产"，对设置专用更衣室等辅助用房、加强内部职业卫生管理、为员工提供有效的个人卫生防护用品、设置警示标志、安装集中通风系统并禁止使用工业电风扇、将职业病危害及其后果等情况在劳动合同中写明、对员工定期体检和采取主动防护措施等，提出了具体要求。

《工业场所有害因素职业接触限值 化学有害因素》（GBZ 2.1—2007）、《铅作业安全卫生规程》（GB 13746—2008）中对工作场所空气中铅烟、铅尘的时间加权平均容许浓度限值进行了规定：铅尘应不超过 0.05mg/m^3、铅烟应不超过 0.03 mg/m^3。

58. 铅作业劳动者职业健康监护的种类和项目有哪些？

根据《职业健康监护技术规范》（GBZ 188—2007），铅作业劳动者职业健康监护分为上岗前健康检查、在岗期间定期健康检查、离

岗时健康检查、离岗后医
学随访和应急健康检查5
类。其中：

（1）上岗前健康检
查为强制性职业健康检
查，主要目的是发现有无
职业禁忌症、建立基础健
康档案。铅作业的职业禁
忌症包括贫血、卟啉病、
多发性周围神经系统疾病3种。

（2）铅作业劳动者在岗期间健康检查周期为1年。

（3）劳动者在准备调离或脱离所从事的职业病危害的作业或岗
位前，应进行离岗时健康检查，主要目的是确定其在停止接触职业病
危害因素时的健康状况，如最后一次在岗期间的健康检查是在离岗前
的90日内，可视为离岗时健康检查。

（4）因为铅具有慢性健康影响或发病有较长的潜伏期，在脱离
接触后仍有可能发生职业病，需进行医学随访。

（5）当发生急性职业病危害事故时，对遭受或者可能遭受急性
职业病危害的劳动者，应急健康检查应在事故发生后立即开始。

59. 生活饮用水标准中铅含量的限值是多少？

世界卫生组织规定饮用水的铅质量浓度限值为10μg/L，美国为
15μg/L。我国2006年发布的《生活饮用水卫生标准》（GB 5749—
2006）中，对生活饮用水中铅含量限值的规定为10μg/L。

联合国粮农组织（FAO）和世界卫生组织（WHO）食品添加剂联合专家委员会于 1986 年确定了对婴儿和儿童暂行每周按体重计铅的耐受摄入量为 25μg/kg，即 3.5μg/（kg·d）。1993 年该专家委员会再次确认了每周耐受摄入量，并将其扩展到各年龄组。鉴于婴儿是最敏感人群，故从保护婴儿的角度确定铅在饮水中的限值，从而能很好地保护整个人群。一个体重为 5kg 的人工喂养婴儿每日饮水量为 0.75L，铅从饮水中的摄入量占总摄入量的 50%，则铅在饮水中的限值为 10μg/L。计算如下：限值 =3.5μg/（kg·d）×5kg×50%/（0.75L/d）=10μg/L（取整数）。

60. 水龙头的铅析出限量值是多少？

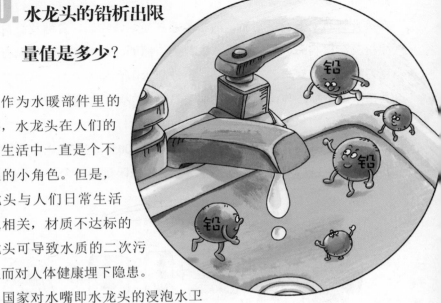

作为水暖部件里的小件，水龙头在人们的日常生活中一直是个不起眼的小角色。但是，水龙头与人们日常生活息息相关，材质不达标的水龙头可导致水质的二次污染从而对人体健康埋下隐患。

国家对水嘴即水龙头的浸泡水卫生要求有严格控制，《生活饮用水输配水设备及防护材料的安全性评价标准》（GB/T 17219—1998）、《环境标志产品技术要求水嘴》（HJ/T 411—2007）中，要求浸泡试验中铅析出≤5μg/L。《水嘴铅析出限量》（JC/T 1043—2007）规定，水嘴的铅检测统计值不大于11μg/L。目前，水龙头产品已开展安全认证和环境标志认证，消费者在购买时，可留意产品外包装上是否有"CQCs"或"十环"标识。

61. 食品和粮食中铅的限量值是多少？

食品中污染物是影响食品安全的重要因素之一，是食品安全管理的重点内容。我国《食品中污染物限量》（GB 2762—2012）按谷物及其制品、蔬菜及其制品、水果及其制品、食用菌及其制品、豆类及其制品、藻类及其制品、坚果及籽、肉及肉制品、水产动物及其制品、乳及乳制品、蛋及蛋制品、油脂及其制品、调味品、食糖及淀粉糖、淀粉及淀粉制品、焙烤食品、饮料类、酒类、可可制品、巧克力和巧克力制品以及糖果、冷冻饮品、特殊膳食用食品等分类，分别规定了其铅限量指标，与国际食品法典委员会（CAC）制定公布的《食品和饲料中污染物和毒素通用标准》中的限量指标基本一致。

另外，《粮食卫生标准》（GB 2715—2005）规定供人食用的原粮和成品粮，包括禾谷类、豆类、薯类等的铅限量指标为 ≤ 0.2mg/kg。

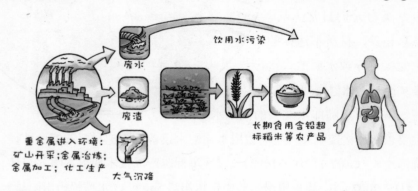

62. 食品相关产品中铅的限量规定有哪些？

我国于 2009 年 6 月 1 日起实施的《中华人民共和国食品安全法》总则中，将用于食品的包装材料、容器、洗涤剂、消毒剂和用于食品生产经营的工具、设备统称为"食品相关产品"，可分为用于食品的包装材料和容器，用于食品生产经营的工具、设备，用于食品的洗涤剂、消毒剂三大类。

目前，食品相关产品中含铅限量规定的标准众多。仅以食品接触金属制品为例，对这类产品所使用涂料中含铅限量规定的标准就有：《食品安全国家标准 易拉罐内壁水基改性环氧树脂涂料》（GB 11677—2012）、《食品安全国家标准　有机硅防粘涂料》（GB 11676—2012）、《食品安全国家标准　内壁环氧聚酰胺树脂涂料》（GB 9686—2012）、《食品容器过氯乙烯内壁涂料卫生标准》（GB 7105—1986）、《食品罐头内壁脱模涂料卫生标准》（GB 9682—1988）、《食品容器漆酚涂料卫生标准》（GB 9680—1988）等。

63. 室内装饰装修材料中铅的限量规定有哪些？

目前，我国已对聚氯乙烯卷材地板、内墙涂料、溶剂型木器涂料、水性木器涂料等室内装饰装修材料中的铅含量进行了限值规定。如：

（1）在《室内装饰装修材料　聚氯乙烯卷材地板中有害物质限量》（GB 18586—2001）中规定，卷材地板中不得使用铅盐助剂，作为杂质，卷材地板中可溶性铅含量应不大于 $20mg/m^2$。

（2）在《室内装饰装修材料　内墙涂料中有害物质限量》（GB 18582—2008）、《室内装饰装修材料　溶剂型木器涂料中有害物质限量》（GB 18581—2009）、《室内装饰装修材料　水性木器涂料中有害物质限量》（GB 24410—2009）等规定，可溶性铅≤90mg/kg。

64. 玩具中铅含量限值是多少？

目前，《国家玩具安全技术规范》（GB 6675—2003）是玩具生产及市场销售的安全通用技术规范。该标准适合于所有的玩具，即设计或预定供 14 岁以下儿童玩耍的所有产品和材料。除非特别申明，本标准不仅适用于任何在市场上销售的玩具（含试用和免费赠送的玩具）及生产并供境内销售的玩具，而且适用于正常使用及可预见的合理滥用后的玩具含试用和免费赠送的玩具。其关于铅的要求为：玩具材料和玩具部件中铅的含量应不低于 90mg/kg。

玩具材料中可迁移元素的最大限量

玩具材料	最大限量 /（mg/kg）							
	锑	砷	钡	镉	铬	铅	汞	硒
除造型黏土和指画颜料的其他玩具材料	60	25	1 000	75	60	90	60	500
造型黏土和指画颜料	60	25	250	50	25	90	25	500

另外，《玩具用涂料中有害物质限量》（GB 24613—2009）中要求总铅含量 ≤ 600mg/kg，可溶性铅含量 ≤ 90mg/kg，适用于各类玩具用染料。

玩具材料和玩具部件中铅的含量应低于或等于90mg/kg

65. 哪些成分名称表明日常产品中可能含有铅？

除了工业活动外，铅和日常生活也有密切关系。按照国家有关规定，应在食品、日用消费品等产品的外包装或说明书中标识产品成分及配料组成，公众在选购产品时，可留意是否为含铅产品。

应予注意的名称包括：铅（Pb）、一氧化铅（又称黄丹、密陀僧，PbO）、四氧化三铅（又称红丹，Pb_3O_4）、二氧化铅（PbO_2）、碱式碳酸铅 [$Pb_3(OH)_4CO_3$]、碱式硫酸铅（$3PbOPbSO_4 \cdot H_2O$）、硫化铅（PbS）、硫酸铅（$PbSO_4$）、铬酸铅（又称铬黄，$PbCrO_4$）、醋酸铅 [$Pb(CH_3COO)_2 \cdot 3H_2O$]、砷酸铅 [$Pb_3(AsO_4)$]、硝酸铅 [$Pb(NO_3)_2$]、硅酸铅（$PbSiO_3$）、二碱式亚磷酸氢铅（$2PbO \cdot PbHPO_3 \cdot 1/2H_2O$）等。

第四部分

铅的健康危害及预防

66. 古罗马帝国的衰落与铅中毒有关吗？

古罗马人以铅为荣，曾大量使用含铅材料和制品。考古学资料显示，当时不仅使用铅质材料制作输水管道，王公贵族们还用铅制材料做屋顶、墙壁装饰、储存糖浆和酒的器皿、日用餐具和厨具等，甚至还把铅当成食物添加剂，使用含铅化妆品美容增白，真可谓对铅"情有独钟"。有研究人员根据毒理学、人口统计学和考古学证据，论述了古罗马衰亡与铅中毒的关系，提出铅中毒是古罗马帝国迅速衰亡的决定性因素之一。让我们看看研究人员找到的一些科学证据：

（1）古罗马贵族铅的摄入量过高。据研究人员估算，古罗马贵族每人每日所吸收的铅平均为250μg/d，如此高的铅摄入，势必使罗马贵族处于铅中毒的危险之中。而当时平民和奴隶的铅摄入量则分别为35μg/d 和15μg/d。

（2）铅中毒致古罗马贵族劣生，帝国毁灭。严重的慢性铅中毒可损伤男性生殖系统，造成不育；罗马上层贵族和有钱人的妻子或主妇，大量饮用铅制容器存装的混合酒、葡萄糖浆、蜜饯和各种饮料，这样妇女所摄入的铅足以导致她们不育、流产、死产或早产，早产儿往往精神发育迟滞，其他婴儿也极易在出生后不久死去。大约从公元前2世纪或1世纪起，罗马上层阶级的人数迅速减少，每一代人口数量约只有前一代的1/4。

67. 人们是何时发现和认识"铅中毒"的？

人们很早就对铅的毒性有所认识。例如，公元前2世纪，希腊诗人、内科医生尼康德（Nicander）发现并记录了因为摄入铅而引起的腹痛、便秘和瘫痪的铅中毒现象；公元1世纪著名内科医生、植物学家和药理学家达斯康狄斯（Dioscorides）发现，人体摄入铅化合物和吸入铅烟后会发生腹绞痛和麻痹症，并认为铅可以经过消化道和呼吸道两条途径进入人体。尽管毫无慢性铅中毒知识，公元二三世纪时习惯于用铅质器皿酿酒的希腊和古罗马人已对铅毒性有所了解，发现饮酒者可产生不育、流产、便秘或头痛等症状。

68. 目前人们已经认识到铅对人体健康有哪些不良影响？

目前，人们已经认识到铅是一种蓄积性有毒物质，对人体多个系统（包括神经系统、血液系统、胃肠系统、心血管系统和肾脏系统）均有影响。长期铅暴露通常会影响血液系统（如造成贫血）、神经系统（如造成头痛、易怒、嗜睡、抽搐、肌肉无力、共济失调、震颤和麻痹等）。急性铅暴露可引起胃肠系统功能紊乱（厌食、恶心、呕吐、腹痛）、肝肾损伤、高血压和神经系统症状（抑郁、困倦、脑病），最终可能导致抽搐和死亡。据世界卫生组织（WHO）2009 年发布的《全球健康风险》（以 2004 年的数据为依据，估算了 24 种健康风险因素在死亡、疾病和伤害方面的影响）报告，估计因铅暴露而导致死亡的人数每年约为 14.3 万例，用伤残调整生命年来衡量（disability-adjusted life year, DALY）占全球疾病负担的 0.6%。

69. 反映体内铅含量的常用检测指标有哪些？

体内铅负荷是指体内含铅的量，是铅毒性效应的最主要决定因素。铅负荷状态可通过检测组织中铅的含量来评价，也可以通过测定某些对铅毒性敏感的生化指标来间接反映。组织中铅的含量最能直接反映铅负荷状况，是评价体内铅负荷状况的主要指标。

（1）反映组织中铅含量的指标。铅经消化道和呼吸道吸收进入血液，然后随血液到全身，主要分布于骨骼和软组织中，部分经肾脏随小便排出。因此，血液、尿液、骨骼（含牙齿）和头发等组织中的铅含量都能不同程度地反映体内铅负荷的水平。

（2）与铅负荷有关的生化检查指标。铅能对血红素合成过程中的两个环节产生作用：抑制 δ - ALAD（δ - 氨基 - γ - 酮戊酸脱氢酶）和铁络合酶。由于 δ - ALAD 活性受到抑制，其前体物质 δ - ALA 在体内大量积聚，其在尿中的排出量也增加；由于铁络合酶受到抑制，血液中游离原卟啉或锌卟啉增高，尿中粪卟啉排出量增加。因此，血液中 δ-ALAD、尿液中 δ-ALA、红细胞游离原卟啉和锌卟啉等生化检查指标能一定程度上间接反映体内铅负荷的水平。

70. 如何正确理解各种体内铅含量检测指标的意义？

在血铅、尿铅、骨铅、发铅，以及血锌卟啉和血游离原卟啉等常用铅负荷检测指标中，比较一致的看法是：

（1）血铅。是诊断儿童铅中毒和分级的主要依据。

（2）尿铅。是指尿中排出的铅，能反映血铅的浓度，是铅接触和铅中毒诊断的辅助性指标。

（3）骨铅。可反映既往整个生命历程中的铅蓄积状况，被认为是反映体内铅负荷的最客观指标。可用 X 射线荧光直接检测骨组织中铅元素的含量。

（4）发铅。虽然发铅测定具有取样简单、标本收集和运输方便，适用于任何年龄等优点，但是样品暴露于外界、受外界污染的影响因素过多。目前，一般认为发铅主要反映环境的铅污染水平，与个体的卫生习惯有较大关系，不能反映人体内真实的铅负荷状态，这项指标不宜用于个体铅负荷的评价。

（5）中、重度铅中毒的儿童，血锌卟啉和血游离原卟啉与血铅含量有较好的相关性，是反映慢性铅中毒时机体铅负荷较为理想的代谢指标。

71. 铅对人体健康的不良影响是否存在剂量—效应关系？

铅对人体具有广泛的毒性效应，而且随着血铅水平的增加，其对健康的损害会更严重。其中，儿童中枢神经系统尤易受到铅的毒性损害，即使低水平暴露，也可能会导致严重后果，在某些情况下，可出现不可逆的损害作用。

对于儿童：死亡、脑病、肾病、弗兰克贫血、腹绞痛、血红蛋白合成降低，维生素 D 代谢下降，神经传导速度增加，红细胞原卟啉水平最高，发育毒性（智商下降，听力下降，生长下降），胎盘转运功能增加。

对于成人：脑病、弗兰克贫血、腹绞痛、寿命减少、血红蛋白合成降低，周围神经病变、不育（男）、肾病，收缩压升高，听力下降，红细胞原卟啉水平升高（男），红细胞原卟啉水平升高（女），高血压。

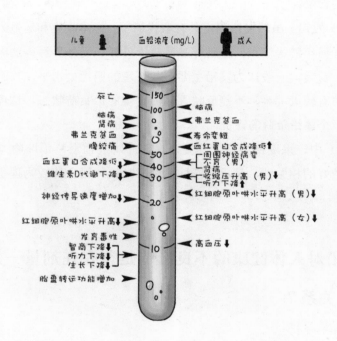

72. 铅对儿童最关键性的危害是什么？

神经系统是铅对机体毒性损伤的主要靶器官，铅对儿童最关键性的危害就是对发育中的神经系统的影响。这是因为：一方面，铅对中枢神经系统造成损害的前提是铅必须通过血脑屏障进入脑内，由于血脑屏障不健全，铅更容易进入儿童脑内；另一方面，儿童发育中的神经系统对铅损伤极其敏感，铅可对血脑屏障、神经元、神经胶质细胞、神经递质产生损害作用，从而影响儿童神经系统的多种功能。

73. 铅为什么会引起贫血？

血液系统也是对铅毒性最为敏感的靶系统之一。铅对血液系统的毒性作用主要表现为抑制血红蛋白的合成和缩短血液循环中红细胞的寿命，这两方面作用的共同结果为贫血。铅引起的贫血除与血铅水平密切有关外，还与病程有关，以慢性铅中毒时较为常见。此外，铅毒性除主要影响红细胞外，对白细胞、血小板以及脾脏都有损害作用。

轻、中度儿童铅暴露时多不发生贫血，但随着血铅水平的上升，血红蛋白逐渐下降。一般认为，当儿童血铅水平上升到 250 ～ 300μg/L 时，血红蛋白下降到贫血的水平，血铅水平为 400 ～ 450μg/L 时可能开始出现贫血症。对成人，血铅水平要在 450 ～ 700μg/L 时方出现贫血。

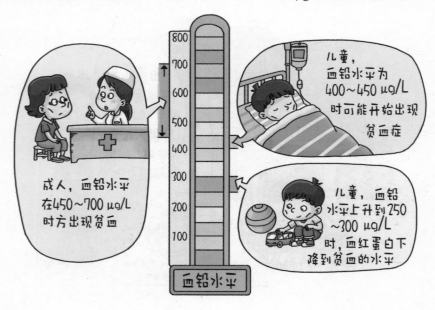

74. 铅对心血管系统有什么影响？

铅对心血管系统的影响，主要表现在对心脏产生毒性作用、对血压造成影响等。

（1）铅对心脏的毒性作用主要表现为心肌炎、心电图异常，如左束支传导阻滞、节律紊乱、房室传导异常、异位房性节律以及左室肥大等。

（2）急性及长期慢性铅暴露，可引起血压升高甚至导致高血压。

75. 铅对泌尿系统的主要影响是什么？

急性和慢性铅中毒均可累及肾脏。铅对肾脏的损伤是混合性的，肾小管、肾小球以及肾间质均可受累，只是肾小管受损伤的出现时间较早，且可能比肾小球和肾间质的损伤程度严重。

（1）急性铅中毒时主要累及肾近曲小管，导致肾小管重吸收障碍，引起一系列病理生理改变。

（2）长期慢性铅暴露除有肾小管上皮细胞变性及功能低下外，还可出现肾小球周围和间质纤维组织增生，进而发生肾萎缩，最终导致肾衰竭。

一般来说，铅对肾的损伤初期是可逆的，经治疗肾小管功能可恢复正常，但铅造成的慢性肾脏损害其治疗效果通常不理想。

76. 铅对消化系统的主要影响有哪些？

铅能直接损害胃黏膜的再生能力，使胃黏膜出现炎症性变化，慢性铅中毒者可出现萎缩性胃炎；铅可使肠壁平滑肌痉挛，引起腹绞痛；而肝脏是铅的主要蓄积部位之一，肝也是铅毒性作用的主要靶器官。

77. 铅对人体是否具有致癌作用？

国际癌症研究所将无机铅化合物列入人类可疑致癌物，即无

机铅化合物对实验动物有致癌作用，但是对人作用的证据不充分。有关流行病学研究调查表明，铅与肺癌和胃癌可能有关，而与肾癌和脑部肿瘤仅有很弱的联系，并且尚无充足证据证实铅与人类癌症的发病之间存在剂量—效应关系。

78. 铅中毒的常见症状有哪些？

铅中毒对机体的影响是全身性的，临床表现复杂且缺乏特异性，严重时可导致死亡。目前，铅中毒死亡病例已很少见报道，主要表现为慢性铅中毒，在短时吸入或者摄入大剂量的铅也可致急性或亚急性铅中毒，表现类似重症慢性铅中毒。不同人群铅中毒的症状大体如下：

（1）成人铅中毒：可出现头昏、乏力、失眠等神经衰弱症状，食欲不振、腹胀、腹隐痛、便秘等消化道症状，贫血，中毒性周围神经病变，肝肾损害，生殖障碍等。严重时出现腹绞痛、麻痹、中毒性脑病。

（2）孕妇铅中毒：可产生流产、早产、死产、出生低体重、婴幼儿发育不良等后果。

（3）儿童铅中毒：可出现食欲不振、恶心、腹痛、腹泻、便秘、贫血、学习障碍、多动、易激惹、智商低下等症状，严重时出现视力和听力损害、多脏器损害、中毒性脑病，甚至死亡。

79. 为何职业性铅中毒仍然值得高度重视？

工业性铅中毒问题在我国慢性职业性中毒中仍是值得高度重视的问题。以一起职业性慢性铅中毒为例：患者221例，均来自某铅蓄

电池企业。其中男性166
例，女性55例；年龄
20～50岁，平均39岁；
工龄1～4年，平均1
年6个月。221人铅中
毒患者，其中挫耳工85
人，球磨工92人，涂片
工36人，其他工种8人。主
要症状以头晕、四肢乏力、腹痛、

腹胀、恶心、便秘等多见。根据《职业性
慢性铅中毒诊断标准》（GB 37—2002）诊断，在221例患者中，轻
度铅中毒194例（87.8%），中度铅中毒27例（12.2%）。工厂现场
检查：2005—2007年上述3个作业岗位铅尘的时间加权平均浓度高出
国家职业卫生标准5～30倍。本案例中，患者均有职业性铅尘（铅烟）
接触史，企业生产工艺落后，生产车间通风不良，作业环境差，职业
卫生管理措施不到位，导致劳动者发生职业性铅中毒。

80. 铅的危害仅限于某些特定的职业人群吗？

长期以来，铅中毒通常被认为是主要集中于铅作业工人或摄入较
多含铅的酒或药物的人群。在19世纪以前，铅中毒集中发生在上层
社会等少数人群，随着工业革命的兴起，铅中毒和其他职业性疾病一
样急剧增多。但随着劳动环境的改善、工业污染的控制和对妇女从事
铅作业劳动的限制，传统的典型铅中毒已不多见。

随着科学的进步，人们认识到铅中毒已经不仅限于职业人群。普

通人群可以通过污染的空气、食物、饮用水、日常用品等途径接触到铅，对人体健康产生危害，甚至引起铅中毒。

81. 铅进入人体的主要途径是什么？

环境中的铅可以通过消化道、呼吸道和皮肤进入人体，而经呼吸道和消化道吸收是铅进入人体的主要途径，极少经皮肤吸收。但是，醋酸铅可经皮肤少量吸收，而四乙基铅易经皮肤吸收，当破损皮肤外用含铅药物时，可增加铅的吸收。

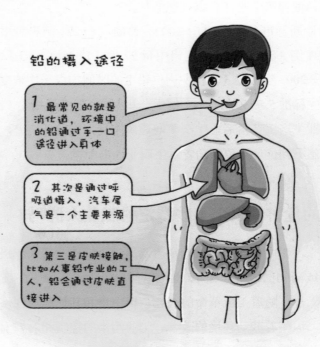

铅的摄入途径

1 最常见的就是消化道，环境中的铅通过手——口途径进入身体

2 其次是通过呼吸道摄入，汽车尾气是一个主要来源

3 第三是皮肤接触，比如从事铅作业的工人，铅会通过皮肤直接进入

82. 铅是如何通过消化道吸收进入人体内的？

消化道是非职业人群铅暴露和吸收的主要途径。成人消化道对铅的吸收率为 5% ～ 10%，儿童为 42% ～ 53%。

铅在消化道内通过主动转运和被动扩散两种形式，先转变为铅离子、可溶性的磷酸铅盐等物质后由小肠吸收入血液中，其中 80% 是通过主动转运的，即铅与肠黏膜特定部位中的转运蛋白结合，由转运蛋白作为载体将铅转运到血液中。可见，游离的铅离子易于在肠腔内被吸收，因此消化道的吸收率与铅的溶解度密切相关。醋酸铅、

消化道是非职业人群铅暴露和吸收的主要途径

儿童有较多的手一口动作，使得环境中的铅通过手带入口中进入消化道

氧化铅、氯化铅可被迅速吸收；铬酸铅、硫化铅、碳酸铅溶解度较低，吸收较慢；烷基铅（如四乙基铅）在肠道中的吸收率最高。

83. 铅是如何通过呼吸道吸收进入人体内的？

呼吸道是职业人群铅暴露铅和吸收的主要途径。空气中的铅经呼吸道吸入肺内，在弱酸性环境下被溶解，再通过肺泡毛细血管吸收进入血液，同时呼吸道的吞噬细胞也可吞噬铅尘进入血液。

铅经呼吸道的吸收率取决于铅烟或铅尘颗粒的大小、气流速度，

以及呼吸频率、潮气
量的大小等生理指
标，其中铅尘颗粒的
大小对呼吸道吸收率
的影响最为重要。铅
尘颗粒的直径越小，
越容易进入呼吸道深
部，至肺泡被吸收入
血液中。

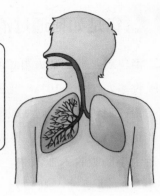

铅尘颗粒的
直径越小，越容
易进入呼吸道深
部，至肺泡被吸
收入血液中

84. 进入人体内的铅都到哪儿去了？

进入人体内的铅一部分可以经尿、粪便、唾液、乳汁、汗液等排
出人体外，还有一部分在血液中形成可溶性铅循环至全身的器官和组
织中。人体所有的组织和器官中均可能有铅的存在，但以血液、骨骼
和脑组织中铅分布最为重要。其中：约 95% 的铅以磷酸铅稳定地沉积

于骨骼中，因此
人们把骨骼喻为
储存池。这些铅
可因机体生理条
件或病理状态的
改变而溶出进入
血液，人在脱离
铅污染环境后，
骨骼是人体最大

人体所有的
组织和器官中
均可能有铅的
存在，但留在
体内的铅大部
分将沉积于骨
骼中

的内源性铅暴露来源。只有少部分的铅分布在肝脏、肾脏、脑等组织器官和血液中。组织器官与血液中的铅维持着动态交换，通常被人们喻为交换池，把骨骼喻为储存池，两者保持着动态平衡。

85. 人体内的铅通过什么途径排出体外？

人体内的铅主要经肾脏、消化道随尿和粪便排出体外，少部分可通过唾液、乳汁、汗液、月经等排出体外。成人摄入体内的铅，最终约有 99% 随尿液和粪便排出体外。

86. 铅在人体内的半减期有多长？

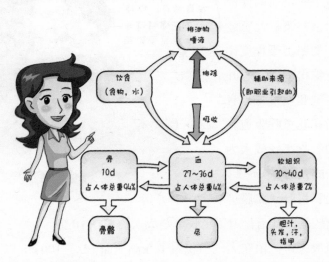

铅的半减期是指吸收进人体的铅的 50% 被排出体外所需要的时间。半减期越长，表示在体内存留的时间越长。铅在不同组织中的半减期是不同的。一般认为：

（1）血液中铅的半减期为 25 ～ 35 d（因此血铅只能反映近 1 个月左右时间的铅暴露情况）；

（2）软组织中铅的半减期比较恒定，约 40 d；

（3）肾脏中铅的半减期为 10 d，肝脏中铅的半衰期为 23 d；

（4）骨骼中铅的半减期则因年龄而异，年龄越大，半减期越长，一般为 3 ～ 10 a 不等，因此骨铅水平能反映较长时间的慢性铅暴露的累积情况。

87. 为什么儿童较成人易吸收更多的铅？

不论是经呼吸道还消化道吸收，在同样浓度的铅接触下，儿童经所受到的铅污染程度比成人严重得多，这与儿童的生理和发育特点有关。铅在儿童呼吸道和肺中的吸收率较成人为高，是成人的 1.6 ～ 2.7 倍。儿童胃肠道黏膜屏障功能较差，其消化道铅吸收率是成人的 5 ～ 10 倍。

一般来讲，铅在大气中积聚多在离地面 75 ～ 100 cm 以下（离地面越近铅的浓度越高），正好是儿童的呼吸带。同时，儿童机体的代谢旺盛，对氧的需求量大，单位体重的通气量远较成人大，故在同样的铅浓度下单位体重摄入量比成人高。此外，年幼儿童由于咳嗽一除痰的功能尚不健全，经呼吸道吸入的较大含铅颗粒，随痰排出后，又多被吞入消化道。

　　儿童的探索性行为相当多，并有较多的手—口动作，使得环境中的铅通过手带入口中进入消化道。同时，儿童生长发育迅速，单位体重需摄入的食物量较成人明显得多，通过食物途径摄入的铅量也相对较多。

88. 儿童体内铅的分布及代谢与成人有何不同？

铅在儿童体内的流动性大，内源性铅暴露的几率和程度均较高

　　铅在儿童体内的流动性大，内源性铅暴露的概率和程度均较高。年龄越小，骨骼结合与稳定铅的能力越小，软组织（包括血液）铅含量越高，而存在于血液和软组织中的这部分铅是能直接产生毒性作用的。儿童排泄铅的能力较成人差。成年人摄入体内的铅约 99% 最终

将随尿液和粪便排出体外，而儿童摄入体内的铅仅有约 2/3 可被排除体外，仍有 1/3 的铅滞留在体内。

　　成人摄入体内的铅 90% ～ 95% 将蓄积于骨骼中，儿童体内的铅只约有 75% 存在于骨骼中，血液和软组织中的铅约占 25%，且儿童骨骼中的铅容易向血液和软组织中移动。这种体内储存池中的铅向交换池移动，造成血液和软组织中的铅含量升高的过程称为内源性铅暴露。

89. 儿童铅中毒为什么可能没有症状？

儿童铅中毒往往没有特异症状，需要血铅检查才能发现

　　传统的中毒指的是症状性的、临床水平的中毒，如一氧化碳中毒、有机磷中毒和亚硝酸盐中毒等；而儿童铅中毒则不同，其在诊断上主要依靠体内铅负荷状况（即血铅水平），而不取决于有无相应的临床症状和体征。换一句话说，儿童铅中毒是非症状性、亚临床的概念，不意味着临床意义上的中毒，仅表示体内铅负荷已经达到可能危害健康的危险水平。因此，根据儿童体内血铅水平，即使没有症状

也可能诊断为儿童铅中毒。

　　这样定义儿童铅中毒是因为，对于儿童而言，一旦进入临床铅中毒阶段，其毒性作用（尤其是神经系统的毒性作用）往往已难以逆转。将能对儿童健康产生潜在危害的血铅水平定义为儿童铅中毒的标准，是从保护儿童的原则出发的，其目的是在出现症状前的亚临床水平就对血铅水平过高的儿童采取个体预防措施，以避免产生实质性的毒性作用，进入难以逆转的铅中毒时期。

90. 人们为什么会关注低水平铅暴露对儿童的影响？

面色苍白

记忆力减退，学习能力差

抵抗力低，容易生病

儿童血铅水平并无明确的安全范围，低水平下也可能影响儿童智力发育等

容易头晕，眼花

体力不支

迷迷糊糊睡不醒

　　生命早期的铅暴露不仅与儿童的神经行为缺陷、代谢性疾病、生长发育迟缓等广泛性疾病相联系，而且对其成年后的心血管异常、

骨质疏松等疾病的发生也有影响。目前,高剂量水平的儿童铅暴露已较少见,最常见的是低剂量水平暴露。科学研究显示,即使血铅降到10 μg/L,同样也会有组织、细胞乃至基因水平上的损害,可能对婴幼儿及少儿健康尤其是神经发育导致负面影响。

91. 国际上对可接受儿童血铅水平的认识是如何演变的?

总体上,除了对铅中毒认识的不断深入外,随着铅污染防治技术水平的提高、环境铅污染源的控制、儿童总体血铅水平的整体性降低等,对儿童血铅限值的规定日益严格。

20 世纪 60 年代中期,由于人们认为铅中毒是具有明显临床症状和体征的疾病,把血铅浓度在 600 μg/L 以上,出现贫血、腹绞痛、惊厥等症状时才诊断为铅中毒。1970 年,美国将可接受的儿童血铅水平上限降至 400 μg/L,1975 年将其降至 300 μg/L,1985 年将其降至 250 μg/L,1991 年将其降至 100 μg/L。此标准被世界各国认同并广泛采纳。2012 年,美国疾病预防控制中心将可接受的儿童血铅水平降至 50 μg/L,甚至提出了血铅"零容忍",但目前尚未被广泛接受。

92. 我国儿童铅中毒的诊断和分级标准是什么？

2006 年，原卫生部发布《儿童高铅血症和铅中毒分级和处理原则（试行）》（卫妇社发 [2006]51 号）。按其规定，儿童铅中毒要依据儿童静脉血铅水平进行诊断，并将血铅增高者分为高铅血症和铅中毒。主要内容为：

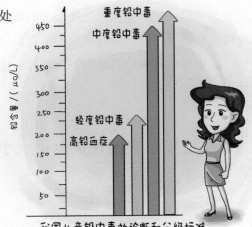

我国儿童铅中毒的诊断和分级标准

（1）高铅血症。连续两次静脉血铅水平为 100 ～ 199 µg/L。

（2）铅中毒。连续两次静脉血铅水平等于或高于 200 µg/L，并依据血铅水平分为轻、中、重度铅中毒。其中：200 ～ 249 µg/L 的血铅水平为轻度铅中毒；250 ～ 449 µg/L 为中度铅中毒；等于或高于 450 µg/L 的血铅水平为重度铅中毒。

93. 我国儿童血铅水平动态变化趋势及现状如何？

中国疾病预防控制中心于 2001 年对我国 9 省 19 个城市 6 502 名 3 ～ 5 岁儿童的血铅水平调查显示，血铅平均水平为 88.3µg/L，等于或高于 100µg/L 的占 29.9%。首都儿科研究所于 2004—2008 年对我国 15 个中心城市 17 141 名 0 ～ 6 岁儿童的血铅水平调查显示，血铅平均水平为 59.5μg/L，等于或高于 100μg/L 的占 10.5%，等于或高于 200μg/L 的占 0.62%。

我国的儿童血铅水平是普遍关注的问题，随着我国全面禁止生产、销售、使用含铅汽油，大气环境中的铅浓度逐年下降，儿童血铅水平总体上有显著下降，但儿童血铅问题仍是我国主要的公共卫生问题之一，受铅污染影响的儿童也不仅仅局限于有明显工业污染暴露来源的地区。

94. 近年来我国儿童血铅水平异常事件为什么广受关注？

近年来我国曾发生多起儿童血铅异常事件，受到社会广泛关注。以 2006 年甘肃省陇南市徽县暴发的铅污染事件为例：当年 3 月 10 日，徽县水阳乡新寺村 5 岁男孩周浩在村旁和小伙伴玩耍时，不慎触电，家人忙将周浩送往西安西京医院治疗。手术前，医生意外发

现他血液里的铅含量超标。随后，当地家长陆续带小孩到医院进行血检，结果有 300 多名小孩血铅超标。而甘肃鸿宇有色金属冶化有限公司厂区，被指是铅污染的祸首，事件引得当地民众群情激愤，工厂被关，原董事长被移交司法机构处理，十多名官员被查办。

95. 哪些不良生活习惯会增加儿童铅暴露？

啃玩儿童玩具

吸入空气中的铅尘

哪些不良生活习惯会增加儿童铅暴露？

咬玩铅笔

要减少铅暴露，最重要的是要勤洗小手

儿童铅暴露的影响因素很多，包括家庭生活环境、生活习惯和个人卫生习惯等。研究表明，儿童体内的铅大多数是通过不良卫生习惯、不当行为而进入体内的。例如，儿童在玩耍或学习的过程中，手上往往沾有大量的空气中的铅尘，因此那些没有良好洗手习惯的儿童很容易通过手一口动作经消化道将铅尘摄入体内，这是儿童铅暴露的主要途径之一；当儿童玩具或学习用品表面的油漆中含铅量较高时，孩子啃玩具或学习用品等不良习惯，会增加铅进入体内的机会。

96. 儿童高铅血症和铅中毒处理的原则是什么？

根据《儿童高铅血症和铅中毒分级和处理原则（试行）》（卫妇社发 [2006]51 号），儿童高铅血症及铅中毒的处理应在有条件的医疗卫生机构中进行。医务人员应在处理过程中遵循环境干预、健康教育和驱铅治疗的基本原则，帮助寻找铅污染源，并告知儿童监护人尽快脱离铅污染源；应针对不同情况进行卫生指导，提出营养干预意见；对铅中毒儿童应及时予以恰当治疗。

儿童高铅血症和铅中毒处理的原则是什么

(1) 高铅血症：
脱离铅污染源，卫生指导，营养干预
(2) 轻度铅中毒：
脱离铅污染源，卫生指导，营养干预
(3) 中度和重度铅中毒：
脱离铅污染源，卫生指导，营养干预，驱铅治疗

（1）高铅血症：脱离铅污染源，卫生指导，营养干预。

（2）轻度铅中毒：脱离铅污染源，卫生指导，营养干预。

（3）中度和重度铅中毒：脱离铅污染源，卫生指导，营养干预，驱铅治疗。

97. 为什么通过营养干预可以预防儿童铅中毒？

血管

钙离子　铅离子

铁离子

转运蛋白

铅80%是由转运蛋白作为载体，通过主动转运进入血液中的。膳食中的钙、铁和锌等可以降低儿童对铅的吸收率

食物及其营养成分可以影响消化道对铅的吸收、代谢和排泄，因此，可以选择适当的食物，减少儿童的铅吸收，在一定程度上可达到预防儿童铅中毒的目的。

首先，食物中存在植酸、纤维素等可与铅

和许多无机阴离子（如磷酸根）发生作用，这些成分与铅结合，可以将铅直接从大便中排出，或可降低铅的水溶性使其不易被吸收。因此，正常进食能够降低铅在肠道的吸收率。其次，膳食中的钙、铁和锌等可以降低儿童对铅的吸收率，服用钙、锌、铁剂和常服奶制品作为保护因素，能够降低儿童铅中毒的危险性。此外，同时给予高蛋白和易消化吸收的糖类并补充各种营养素如维生素、矿物质、纤维素等能增强肝脏的解毒功能，减少铅吸收，加速其在体内的代谢和转化并向体外排泄。

98. 日常生活中如何通过营养调整来防范儿童铅污染危害？

儿童患营养不良，特别是体内缺乏钙、铁、锌等元素，可使铅的吸收率提高和易感性增强。因此，在日常生活中应确保儿童膳食平衡及各种营养素的供给，教育儿童养成良好的饮食习惯。

（1）儿童应定时进食，避免食用过分油腻的食品。因为空腹和食品过分油腻会增加肠道内铅的吸收。

（2）保证儿童的膳食中含有足够量的钙。含钙丰富的食物有：乳制品、豆制品、动物骨骼等。

（3）保证儿童的膳食中含有足够量的铁。含铁丰富的食物有：

动物肝脏、动物血、肉类、蛋类等。

（4）保证儿童的膳食中含有足够量的锌。含锌丰富的食物有：肉类、海产品（特别是贝类）等。

（5）保证儿童的膳食中含有足够量的维生素 C。含维生素 C 丰富的食物有：橙、葡萄柚和西红柿、青椒等。

99. 什么情况下才需要对儿童进行药物驱铅治疗？

对铅中毒儿童进行驱铅治疗有严格的要求。具体包括：

（1）儿童血铅水平达到 450 μg/L 以上时，方才进行驱铅治疗；

（2）儿童血铅水平在 250 ～ 449 μg/L 时，有条件的情况下，可通过驱铅试验判断驱铅药物的排铅效果，从而决定是否进行驱铅治疗。如果驱铅试验阳性则必须进行驱铅治疗；反之，应根据具体情况判断，有以下几种情况之一者也需要驱铅治疗，包括红细胞原卟啉增高和 α-氨基脱氢酶降低，年龄小于 2 岁幼儿，经 2 ～ 3 个月的环境干预后血铅水平后仍持续升高者。

（3）血铅水平低于 250 μg/L 的儿童，通常不需驱铅治疗，可以通过健康教育和饮食调整达到降低血铅水平的目的。

100. 进行药物驱铅治疗有哪些注意事项？

药物驱铅治疗前必须脱离铅污染源，否则反而能增加铅的吸收。驱铅治疗应在医疗卫生机构的指导下进行，且驱铅治疗前必须要用静脉血证实血铅水平，仅仅根据外周毛细血管血测定血铅水平就决定进行驱铅治疗是不慎重的。此外，缺铁患儿应先补充铁剂后再进行驱铅治疗，否则会因为缺铁影响驱铅治疗的效果。

101. 如何正确选用排铅保健食品？

以健康教育为主的卫生指导、以膳食调整为主的营养干预就能有效预防儿童铅中毒，排铅保健食品并非必需。如果一定要购买排铅保健食品，建议购买国家正规批准的保健食品，应注意产品的安全性和有效性。

首先，要注意产品是否有"蓝帽子"标识。食品药品监管部门批准允许申报的保健食品的范围涵盖了 27 种功能，"促进排铅"是其中一项，按照有关规定，保健品外包装上必须标有天蓝色保健品食品标志（俗称"蓝帽子"），不仅如此，保健品广告也必须附上明显蓝色保健食品标志。非保健品擅自使用"蓝帽子"的，属于违法行为。其次，要看清楚产品外包装是否明确标注有"保健功能：促进排铅"字样。

102. 防治儿童铅中毒为什么应从孕前开始？

孕妇血液中的铅可通过胎盘屏障进入胎儿体内，导致胎儿宫内铅暴露，对胚胎形成和胎儿生长发育造成损害。胎儿铅暴露与孕妇的血铅水平密切相关，孕妇血铅水平越高，胎儿的铅暴露就越高。因此，为保护胚胎和胎儿免受铅暴露的损害，育龄妇女应尽量远离铅污染。

国际上建议准备怀孕的妇女将血铅水平控制在较低水平，其原因是妇女在怀孕期的血铅不仅来源于日常的铅摄入，更重要的是孕妇在孕期机体代谢活跃，钙释出的同时铅也随之释出，骨骼中储存的铅将更多的进入血液，引起血铅升高，尤其是孕后期，骨代谢加快，血铅增加更为明显。

103. 铅对胎儿健康会产生哪些危害？

铅会在胚胎形成和胎儿生长发育的任何过程中造成损害，包括胚胎的形成、植入，到组织器官功能的发育和完善等，以神经系统的影响最为敏感和常见。具体包括：

（1）直接造成胎盘组织的损伤，影响胎儿营养的供应和吸收，从而影响胎儿的生长发育；

（2）铅会导致胎儿发育异常或畸形，甚至造成胎儿死亡；

（3）胚胎期铅暴露对神经元的损害将造成永久性的功能障碍，引起神经功能下降，严重者可导致出生后智力发育障碍；

（4）铅对胎儿的损伤可持续到出生后，甚至是不可逆的，即在出生后的不同生长发育阶段出现不同的异常表现。

铅对胎儿的影响，以神经系统的影响最为敏感和常见，且对胎儿的损伤可持续到出生后，甚至是不可逆的

第五部分

公众参与和
自我防护

104. 企业应如何带头防范铅污染风险？

企业是防范环境风险的第一责任主体，提高企业防范环境风险的能力和水平关乎群众身体健康、生命安全和社会稳定，是企业的重大社会责任，是建立全防全控防范体系的基石。要积极有效地防范环境风险，必须全面透彻了解国家相关环保法律法规和政策标准，明确企业应承担的法律责任和义务，落实企业项目建设和生产经营过程中的环境风险防范措施。

首先，企业应该提升对环境保护及铅污染危害的认识，应该将保护环境作为企业的社会责任根植于企业文化中。其次，企业需要在日常生产中严格遵守国家的相关法律法规，履行作为公民的基本职责，按照相应的规定建设污染治理设备，做到连续稳定达标排放。第三，企业也要积极寻求转型，从生产工艺入手实施节能技术改造，以清洁生产、循环经济为重点的全过程治理，实现环境社会效益与经济效益双赢，履行企业环境责任。最后，企业还要认识到保护环境不是"各自打扫门前雪"那么简单，而是全社会的共同事业，要在做好自身环境保护工作的前提下，督促上下游企业履行保护环境责任。

105. 公众如何参与涉铅企业铅污染的预防和控制？

积极参与环境影响评价

　　环评过程中的公众参与，可以协助项目方和环评工作组更全面地确认环境资源潜在的或长期的影响以弥补环评中可能存在的遗漏和疏忽，有助于确认环境保护措施的可行性。通过对有关项目信息的交流、反馈，客观上增加相互理解，避免可能的冲突。

　　公众应积极参加居住环境中涉铅企业或项目的环境影响评价，主动了解相关信息，客观表达自己的观点，不能为了钱物或迫于威胁，做出不利于居民和自身健康的评价。

　　公众参与的常见方式有信息发布、社会调查、公众听证会、讨论会。在涉铅项目选址、建设、运行等阶段，公众参与的主要内容是通过对建设项目的了解，向项目方或评价单位提供有关该项目影响的观点与意见，并在大纲及报告书审查期间进行磋商。

106. 废铅蓄电池的回收为什么需要公众的支持？

铅蓄电池在正常使用时很少造成危害，其造成的铅污染主要来自废铅蓄电池的回收、处置和再生环节。使用后的废铅蓄电池若不按操作规范要求进行收集、拆解和回收，可能向环境释放硫酸及铅、锑、铋、砷、镉等重金属物质，造成环境污染。

汽车、电动自行车等使用中产生的废铅蓄电池广泛分布于众多消费者手中，消费者的交回意愿以及对回收工作的支持，是废铅蓄电池规范化回收、处置的关键一环。作为个人，再小的力量也是一种支持，我们要从身边点滴做起，支持废铅蓄电池回收，将其交还销售点，或送到有资质的回收商、回收点。

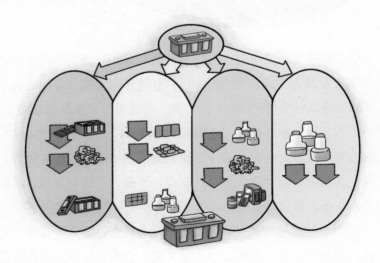

107. 公众可通过哪些途径获取正确的信息？

　　当居住环境中存在涉铅企业或项目时，应积极关注、了解与铅有关的环境质量方面的信息，用以指导自己的日常活动，保护自身和家人的健康。对于可引起恐慌的铅污染危害健康相关信息，不可盲目随从，可以通过查阅环境保护部的网站、各级政府网站的相关信息，或者观看、阅读国家和地区的权威媒体的报道来核实。

　　来自政府机关、科研院所、大专院校，并已通过鉴定的信息一般是可靠的；从新闻报道中获得的信息一般要比从广告中获得的可靠；一些私印小报、传单及街头张贴的信息则不可信。

108. 公众可通过哪些途径合理维权？

　　任何单位和个人发现违法排放含铅废气、废水、废渣和处理含铅废物的行为，均有权向人民政府环境保护部门等相关单位进行举报、投诉，如拨打"12369"热线来举报等。拨打环保热线"12369"时，要讲清楚事发的具体地点、时间、举报人的姓名及联系方法等，不仅有利于工作人员到现场进行检查，也有利于及时回复举报人处理结果。避免"12369"热线的滥用，如故意假投诉，向"12369"打骚扰电话，

干扰 "12369" 热线服务台的正常工作秩序。

当怀疑因环境铅污染而出现不适时，主动到当地医疗机构进行检查并积极治疗，同时应保留好相关的检查单以备维权。选择合理的方式和途径维护自己的权益，既可与污染责任者协商解决，也可通过行政调解来处理，还可通过提起民事诉讼来维权。

109. 哪些人更应注意防护铅污染的危害？

我们都有这样的常识，在相同环境中，接触同样的有害物质，有些人比其他人更容易受到危害，这就是我们所说的易感性。同样也存在对铅易感的人群，即易受铅污染危害的人群，主要包括胎儿及

0 ～ 6 岁儿童。因此，除了涉铅作业人员外，每个人应了解铅污染危害及其防护知识，尤其是当你或你的家人怀孕或正准备怀孕，或者家里有 6 岁及以下儿童时。

110. 涉铅行业职业人员应注意哪些铅中毒防护措施？

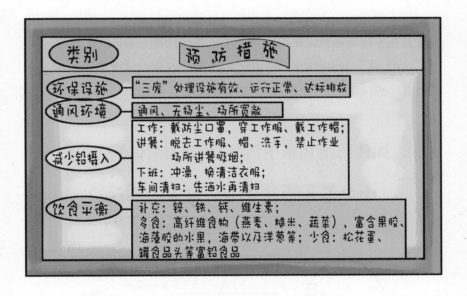

降低生产环境中的空气铅浓度，使之达到职业卫生标准是预防职业性铅危害的关键，同时还应加强个人防护。

（1）在产生铅烟（尘）的岗位的铅作业人员应配备合格的防尘口罩，工作服、工作帽、乳胶手套等。

（2）铅作业人员应具有正确使用个人防护用品的知识和技能，上岗前必须戴好个人防护用品。

（3）个人防护用品应按要求进行维护、保养，由企业集中清洗并及时更换。待清洗的个人防护用品应置于密闭容器中储存，并设置警示标识。

（4）严禁穿工作服、口罩等个人防护用品进出食堂及非生产场所。

（5）对地面每班进行湿式清扫或有效的负压吸尘器清扫3～4次，对工作台面每班后进行湿式清扫或有效的负压吸尘器清除，防止二次扬尘的危害。采取有效的降温措施，禁止普通电风扇在车间的使用。从事清扫作业人员应穿工作服、佩戴防尘口罩等。收集的铅粉尘应放置在专用容器内，不得与其他垃圾等堆放在一起。

（6）作业场所铅污染地点严禁吸烟、进食、饮水等。饭前及下班后必须规范洗手、洗澡、更换工作服后方可离开。

111. 如何防范儿童生活环境中的铅污染？

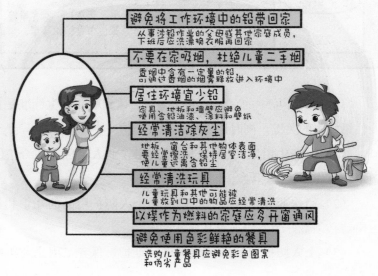

小处着手预防生活环境中的铅污染

避免将工作环境中的铅带回家
从事涉铅作业的父母或其他家庭成员，下班后应洗澡换衣服再回家

不要在家吸烟，杜绝儿童二手烟
香烟中含有一定量的铅，可通过香烟的烟雾释放进入环境中

居住环境宜少铅
家具、地板和墙壁应避免使用含铅油漆、涂料和壁纸

经常清洁除灰尘
地板、窗台和其他物体表面要经常清洗以保持清洁，使儿童远离含铅尘

经常清洗玩具
儿童玩具和其他可能被儿童放到口中的物品应经常清洗

以煤作为燃料的家庭应多开窗通风

避免使用色彩鲜艳的餐具
选购儿童餐具应避免彩色图案和内壁产品

（1）从事涉铅作业的父母或其他家庭成员，下班后应洗澡换衣服再回家，避免将工作环境中的铅带回家。

（2）香烟中含有一定量的铅，可通过香烟的烟雾释放进入环境中，不要在家吸烟，杜绝儿童二手烟。

（3）居住环境宜少铅：家具、地板和墙壁应避免使用含铅油漆、涂料和壁纸。

（4）经常清洁除灰尘：地板、窗台和其他物体表面要经常擦洗，保持居室洁净，使儿童远离含铅尘。

（5）儿童玩具和其他可能被儿童放到口中的物品应经常清洗。

（6）以煤作为燃料的家庭应多开窗通风。

（7）选购儿童餐具应避免彩色图案和伪劣产品。

112. 应指导孩子养成哪些良好的行为习惯来防范铅危害？

儿童体内的铅绝大多数是经膳食和或通过习惯性"手—口动作"进入体内的。教育儿童养成良好的卫生习惯，纠正不良的行为习惯，可有效地较少儿童铅摄入量，预防儿童铅中毒。

（1）勤洗小手好习惯，饭前尤其要记牢。

（2）指甲常剪不吮指，卫生健康又聪明。

（3）爱惜文具不啃咬，涂漆玩具莫入口。

（4）玩土玩沙开开心，洗手换衣再吃饭。

（5）游戏远离大马路，停车场边少停留。

113. 哪些机构能为儿童进行血铅检查？

一般情况下，疾病预防控制中心、妇幼保健站、医院门诊部等医疗卫生机构都可以进行血铅检测

建议选择经过认证的检查机构进行血铅检测。可以向当地疾病预防控制中心查询，以获得哪些机构可以进行血铅检测的信息。一般情况下，疾病预防控制中心、妇幼保健站、医院门诊部等医疗卫生机构都可以进行血铅检测。同时，医疗卫生机构会根据血铅检测数据向你提供建议，比如血铅是否超标、是否需要进一步的检查、是否需要治疗等。

114. 什么情况下应配合儿童血铅筛查和监测？

近年来，我国儿童血铅水平总体上呈下降趋势，儿童血铅水平等于或高于 $200\mu g/L$ 的比例很低，因此无须进行普遍性的血铅筛查，但对于存在或怀疑有工业性铅污染的地区，可考虑进行儿童血铅检查。具体包括：

（1）生活或居住在暴露地区的 6 岁以下儿童及其他高危人群应进行定期检查，例如居住在冶炼厂、铅蓄电池厂和其他铅作业工厂附近的；

（2）父母或同住者从事铅作业劳动的；

（3）同胞或伙伴已被明确诊断为儿童铅中毒的，以及其他医学上怀疑有铅中毒可能的。

115. 根据儿童血铅检查结果宜采取哪些行动？

如果常规性检查发现儿童患高铅血症和铅中毒，应在有条件的医疗卫生机构中进行处理，包括针对不同情况进行卫生指导、营养干预，必要时应及时予以恰当治疗等。同时，寻出铅污染源并尽快脱离铅暴露源。

通常，如果你的孩子血铅水平在 100μg/L 以下，不认为是铅中毒，可以继续接受常规性血铅检查。如果你的孩子血铅水平在 100μg/L 以上，宜了解有关知识，积极建立良好的生活行为方式，采取一定的预防措施；在某些情况下，可能需要药物治疗。详见下表：

测试结果	应对措施
低于 100μg/L	不认为是铅中毒，继续接受常规性血铅检查
100 ～ 149μg/L	经常进行血铅筛查，并向医生征求预防措施的建议
150 ～ 199μg/L	确定铅的来源并向医生征求关于适当饮食的建议
200 ～ 449μg/L	可能需要药物治疗，接受医疗检查、确定铅的来源并向医生征求关于适当饮食的建议
超过 450μg/L	认定为严重的铅中毒，立即进行药物治疗

116. 怀孕之前是否应该检查一下血铅含量？

为孕育出一个聪明、健康的宝宝，铅中毒的预防理念应提前到孕妇怀孕前，从那时起，就要提早采取措施降低体内铅负荷。建议育龄女性在准备怀孕前 3 ～ 6 个月做血铅检查，尤其对从事过涉铅作用的职业女性。如果血铅水平较高，则采取积极的措施降低血铅水平，必要时先进行驱铅治疗。

117. 如何预防胎儿孕期受到铅的危害?

（1）远离涉铅作业：孕前应脱离铅作业，孕妇和哺乳期间妇女严禁从事涉铅作业。

（2）严防带铅回家：从事涉铅职业的家庭成员，下班后应洗澡、换衣服再回家，防止把铅带入家中。

（3）营造无烟环境：孕期不吸烟，同时尽量杜绝被动吸烟。

（4）做健康饮食的有心人：关注食品（例如大米）中铅等重金属的含量，减少铅摄入。多吃富含钙、铁、锌和富含维生素的水果蔬菜，有助于降低血铅。必要时，在医生指导下适量补充钙制剂和锌制剂，有助于降低血铅。